本書の使い方

1 「はじめに」を読む

はじめに …P1～8

2 別冊の「トレーニングを始める前の前頭葉機能チェック」を行う

3 1日に1枚ずつ、宮沢賢治の作品の音読と記憶書き、逆ピラミッド計算を行う

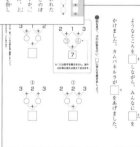

第1日～第5日 …P9～18

問題の特長
表面では、宮沢賢治の作品の一部を音読します。

記憶書き・逆ピラミッド計算：表面の文章の一部にあいた空欄を、記憶をたどりながら埋めます。わからなくなった場合は、表面を見直し完成させます。逆ピラミッド計算は、途中の答えの数字を覚えながら計算し、最後の答えを書きます。

4 「第1週目の前頭葉機能テストⅠ～Ⅲ」を行う

5 巻末のグラフに記録を記入する

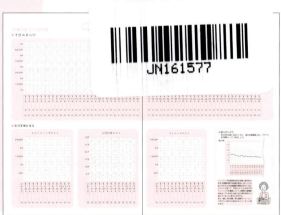

6 ③～⑤と同じことを繰り返す

はじめに

川島隆太
東北大学教授

何のための本？

　脳を鍛える大人のドリルシリーズが出版されて十年以上の月日が経ちました。この間、脳に関するさまざまな知識や情報が増えましたが、このシリーズの意図するところは依然として陳腐化していません。

　21世紀に入って、さまざまな技術革新の速度は加速する一方です。その結果、私たちは便利な道具をたくさん手にし、より楽な生活をすることができるようになりました。しかし、この「楽で便利」に大きな落とし穴があることを忘れてはいけません。楽で便利を、私たちの心身の側から眺めてみると、「脳も身体も使わなくてもよい」ということなのです。生活の中で、脳や体を使う機会が減っていけば、当然、心身の機能低下も加速します。

　この本は、私たちが楽で便利な文明社会に住んでいるからこそ、日々の生活の中であえて、より積極的に脳を使い、脳の健康を維持・向上するために作られています。この記憶ドリルは、皆さんの記憶力を直接鍛えることを目的に作りました。人や物の名前を思い出せないことが多くなってきた、新しいことを覚えるのが苦手になってきたなど、さまざまな記憶力の低下に危機感を持っていらっしゃる方も多いと思います。記憶力は、さまざまな「こころ」の働きによって支えられていますが、この本は、新しい記憶を脳の中に短期的に保存するための「短期記憶トレーニング」を行うためのもので、主に後述する「前頭前野」を使います。物忘れの原因のイロハのイを鍛えるものです。

　記憶を確実に短期的に脳の中に保存することができれば、次はそれを繰り返すことで、いつまでも無くなることのない長期的な記憶に置き換わっていきます（イロハのロ）。そして長期的な記憶を引き出す（思い出す）ことが自由にできれば（イロハのハ）、物忘れは撲滅できますが、そうした記憶の引き出しトレーニングは、また別の機会に提供したいと思います。

　私たちがこれまでに行ってきた研究の結果、短期記憶トレーニングを集中して、かつ継続的に行うと、記憶力が向上するだけでなく、さまざまな前頭前野の機能も向上することがわかっています。

　毎日、短い時間で結構ですので、集中してトレーニングを行ってみてください。トレーニングをできるだけ長く続けていくことが大切です。皆さんの脳の「基礎体力」が向上し、より人生を楽しむことができるようになることを確信しています。

誰のための本？

■次のような自覚がある大人の方

- 物忘れが多くなってきた
- 人の名前や漢字が思い出せないことが多くなってきた
- 言いたいことが、なかなか言葉に出せないことが多くなってきた

■次の人たちにもお薦めです

- 創造力を高めたい
- 記憶力を高めたい
- コミュニケーション能力を高めたい
- 自制心を高めたい
- ボケたくない

脳の健康法とは？

　体の健康を保つためには、①運動をする習慣、②バランスのとれた食事、③十分な睡眠が必要です。同じように脳の健康を保つためにも、①脳を使う習慣、②バランスのとれた食事、③十分な睡眠が必要なのです。「バランスのとれた食事」と「十分な睡眠」は皆さんの責任で管理していってください。この本は、皆さんに「脳を使う習慣」をつけてもらうためのものです。

前頭前野を活発に働かせる3原則

　最も高次の脳機能を司っている前頭前野を、生活の中で活発に働かせるための原則を、脳機能イメージング装置(注1)を用いた脳科学研究成果から見つけ出しました。
- 読み・書き・計算をすること
- 他者とコミュニケーションをすること
- 手指を使って何かを作ること

　読み・書き・計算は、前頭前野を活発に働かせるだけでなく、毎日、短時間、集中して行うことで、脳機能を向上させる効果があることが証明されています。子どもたちは、学校の勉強で読み・書き・計算をすることができますが、大人が生活の中でこれらを行うことは、現代社会ではあまりありません。そこで、こうしたドリルが役に立ちます。

　他者とのコミュニケーションでは、会話をすることでも、前頭前野が活発に働くことがわかりました。目と目を合わせて話をすると、より活発に働きます。しかし、電話を使うと、あまり働きません。直接、人と会って、話をすることが重要なのです。また、遊びや旅行などでも、前頭前野は活発に働きます。

　手指を使って何かを作ることでは、具体的には、料理を作る、楽器の演奏をする、絵を描く、字を書く、手芸や裁縫をする、工作をするなどがあります。クルミを手の中でグルグル回したり、両手の指先をそわせて回したりといった、無目的な指先の運動では前頭前野はまったく働きませんので、これはトレーニングにはなりません。何かを作るという目的が、人間の前頭前野を働かせるために重要なのです。

　これらの工夫を、生活の中にたくさん取り入れて、脳をたくさん使う生活を心がけてください。一般的に、「楽で便利」では、前頭前野はあまり働きません。めんどう、ちょっと大変なくらいが、脳をたくさん働かせるにはちょうど良いのです。

短期記憶トレーニングをしながら脳を活性化

　本書のトレーニングでは、短期記憶を高めるために、宮沢賢治の作品の音読、記憶書き、そして逆ピラミッド計算を行います。

　健康な成人が、この本と同じトレーニングを行っているときの前頭前野の働きを、光トポグラフィーによって調べてみました(下の写真)。左右の大脳半球の前頭前野が活性化していることがわかります。本書のトレーニングを行うことで、短期記憶のトレーニングになるだけでなく、皆さんの前頭前野が活発に働くことが科学的に証明されています。

記憶書きをしているとき

最新の脳科学に基づいた
脳に最適なトレーニング方法

　右の脳の画像は、いろいろな作業をしているときの脳の状態を脳機能イメージング装置で測定したものです。赤や黄色になっているところは、脳が働いている場所（脳の中で血液の流れが速いところ）で、赤から黄色になるにしたがってよりたくさん働いています。

　たとえば、「簡単な計算を速く解いているとき」と「ゆっくり解いているとき」をくらべると、「速く解いているとき」は、ものを見るときに働く**視覚野**、数字の意味がしまわれている**下側頭回**、言葉の意味を理解するときに働く**ウェルニッケ野**、計算をするときに働く**角回**のほかに、脳の中で最も程度の高い働きをする**前頭前野**が左右の脳で働いています。それにくらべると、「ゆっくり解いたとき」は同じところが働いていますが、働く場所が少なくなっています。ましてや、「考えごとをしているとき」や「テレビを見ているとき」はほとんど働いていません。脳を鍛えるには、簡単な計算を速く解くことが有効であることがわかります。

注1 ■
脳機能イメージング装置
　人間の脳の働きを脳や体に害を与えることなく画像化する装置。磁気を用いた機能的MRIや近赤外光を用いた光トポグラフィーなどがある。

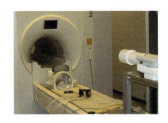

注2〜5 ■
　人間の大脳は、**前頭葉・頭頂葉・側頭葉・後頭葉**の4つの部分に分かれている。前頭葉は運動の脳、頭頂葉は触覚の脳、側頭葉は聴覚の脳、後頭葉は視覚の脳といったように、それぞれの部分は異なった機能を持っている。
　前頭葉の大部分を占める前頭前野は、人間だけが特別に発達している部分であり、創造力、記憶力、コミュニケーション力、自制力などの源泉である。

考えごとをしているときの脳

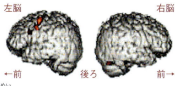

　考えごとを一生懸命しているときの脳の働きを脳機能イメージング装置（注1）で測定したものです。脳が働いている場所に赤や黄色の色をつけてあります。左脳の前頭葉（注2）の前頭前野（注3）がわずかに働いています。

テレビを見ているときの脳

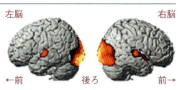

　テレビを見ているときの脳の働きを示しています。物を見る後頭葉（注4）と音を聞く側頭葉（注5）だけが、左右の脳で働いています。

複雑な計算問題を解いているときの脳

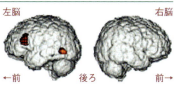

　複雑な計算問題に取り組んでいるときの脳の働きを示しています。左脳の前頭前野と下側頭回が働いています。右脳は働いていません。

簡単な計算問題を速く解いているときの脳

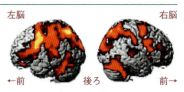

　本書にあるような簡単な計算問題を、できるだけ速く解いているときの脳の働きを示しています。左右の脳の多くの場所が活発に働いていることがわかります。前頭前野も大いに働いています。

簡単な計算問題をゆっくり解いているときの脳

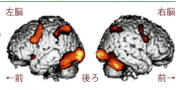

　上と同じような簡単な計算問題を、ゆっくりと解いているときの脳の働きを示しています。計算問題を解くときは、できるだけ速く解く方が脳はたくさん働くことがわかります。

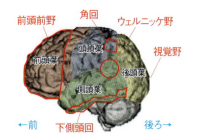

トレーニング後に記憶力が2割アップ

　小学生を対象として、提示した言葉を2分間で何語覚えることができるかを測定してみました。小学生はふだんは平均8.3語を記憶することができます（成人では12.2語）。それが2分間の簡単な計算後には平均9.8語、2分間の音読後には平均10.1語記憶できるようになりました。計算や音読後に記憶力が2割以上アップしたのです。

　事前に行った計算や音読により脳全体がウォーミングアップされ、ふだん以上の力を出せるようになったのです。（**1**のグラフ）

1ヵ月のトレーニングで記憶力が12％向上

　健康な成人9名（平均年齢39歳）を対象として、1ヵ月間、『計算ドリル』と同じ簡単な計算問題を毎日100問解いてもらいました。毎週末には、ドリルに掲載されているのと同じ言葉を覚えるテストを行ってもらい、記憶力の変化を調べました。トレーニングを行う前は、平均で12.2語の言葉を思い出す力を持っていました。トレーニングを開始して1ヵ月後には、平均で13.7語の言葉を思い出すことができるようになっていました。このような記憶力の向上の効果には、個人差がありますが、簡単な計算問題のトレーニングで、平均すると約12％も記憶力が向上したことになります。この記憶力のテストは、現役の大学生では、平均で約16語の言葉を思い出すことができます。計算のトレーニングによって、脳が若返っていくのではないかと考えられます。（**2**のグラフ）

読み・書き・計算で脳の老化を防止

　年を重ねるにつれて、体力が低下するのと同様に、前頭葉機能（ぜんとうようきのう）（FABという検査で評価する、言葉を作り出したり、行動を抑制（よくせい）したり、指示にしたがって行動したりする能力）

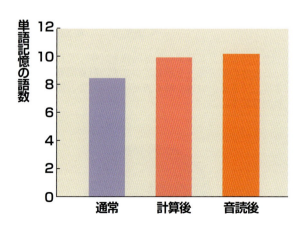

1 単語記憶の変化（小学生）

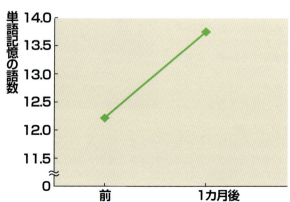

2 単語記憶の変化（成人）

も低下していくことも明らかになっています。
(**3**のグラフ)

　健常な高齢者を、初めの６ヵ月間に読み書き計算の学習をし、その後の６ヵ月間は学習をしないＡ群と、初めの６ヵ月は学習せずに、その後６ヵ月間に学習をするＢ群に分けて経過を観察しました。結果は、両群とも学習中のほうがＦＡＢの伸びが高く、ＭＭＳＥ（理解する力や判断する力などの認知力を調べるテスト）も現状維持か微増となりました。つまり、音読や簡単な計算によって脳機能が改善したのです。(**4**のグラフ)

　また、ＭＭＳＥの得点が、正常値よりも下がってしまった、軽度認知障害が疑われる高齢者の90％以上の人が、半年間のトレーニングで、正常値に戻ることも証明されています。(**5**のグラフ)　軽度認知障害の状態になると、毎年約２割の人が認知症になるリスクが高い危険な状態から、元の状態に戻ることができたのです。

4 「脳ウェルネス」[*3] 12カ月間の成果（仙台）

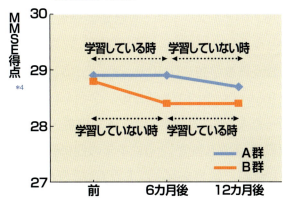

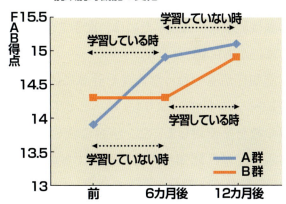

*3 脳ウェルネス：宮城県仙台市と東北大学が共同で行う健康な高齢者の認知症予防を目指す共同プロジェクト。計算と音読を中心とした教材を、毎日学習することによって脳機能の保持、認知症の予防を目指している。

*4 MMSE：理解する力や判断する力などの認知力を調べるテスト。

3 FAB得点と年齢の関係

岐阜県H16・17年度「脳の健康教室」[*1] 参加201名のデータ

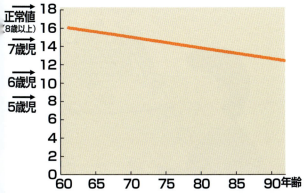

5 「大垣健康道場」[*5] 6カ月間の成果
軽度認知障害疑い参加者の認知機能の変化

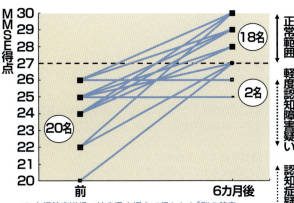

*1 脳の健康教室：高齢者が読み書き・計算を毎日の生活の中で習慣化することにより、認知症を予防し、脳の健康を維持する高齢者向けの学習教室。

*2 FAB：言葉を作り出す力や行動を制御・抑制する力などの前頭葉機能を調べるテスト。

*5 大垣健康道場：岐阜県大垣市で行われた「脳の健康教室」(*1)。

読み・書き・計算で認知症の症状改善

　16名のアルツハイマー型認知症患者に、音読と書きを行う国語学習を1日10分、計算問題を行う算数学習を1日10分、週に2〜5日行ってもらいました（学習療法注6）。学習を行わなかった人たち（対照群）は、認知機能・前頭葉機能（FAB検査）ともに半年の間に低下しましたが、学習を行った人たち（学習群）は認知機能低下の防止、前頭葉機能の改善に成功しました。アルツハイマー型認知症患者の脳機能改善に成功したのは、世界でもあまり報告がありません。（6のグラフ）

　認知症患者の行った音読や計算には、このトレーニングブックよりも、もっと易しい専用の教材を使用しました。学習療法の実際の現場では、認知症の方でも、すらすらと解ける難易度の教材を選んで使用しています。このトレーニングブックは、認知症の方にとって問題の難易度がやや高いため、学習療法に使用することはおすすめできません。

　認知症の方に学習療法を試してみたい場合は、「脳を鍛える学習療法ドリル」シリーズ（くもん出版）(注7)を使ってください。

6 学習療法6カ月間の成果
DSM-IV[*6]にてアルツハイマー型認知症と診断された症例

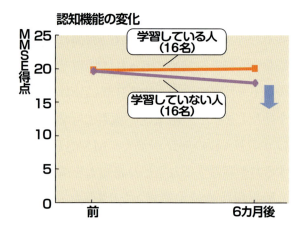

認知機能の変化

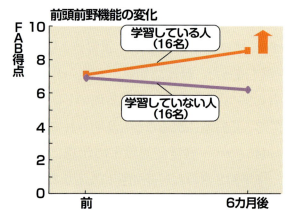

前頭前野機能の変化

*6 DSM-IV：アメリカ精神医学会が定めた診断基準。

注6■学習療法
　音読と計算を中心とする教材を用いた学習を、学習者とスタッフがコミュニケーションを取りながら行うことで、学習者の認知機能やコミュニケーション機能、身辺自立機能などの前頭前野機能の維持・改善を図るものです。

注7■脳を鍛える学習療法ドリル
認知症の方のための学習療法体験版ドリル。
シリーズ計6冊。
読み書きA（軽めの方用）　　計算A
読み書きB（中程度の方用）　計算B
読み書きC（やや重めの方用）計算C

この本を使った脳のトレーニング方法

1 まずは現在の脳の働き具合をチェック

巻末の別冊1～3ページの、3種類の前頭葉機能チェックを行い、現在の自分の脳の働き具合をチェックしておきましょう。（検査のやり方は5を見て下さい）

2 1日数分間のトレーニングを行います

トレーニングは継続することが大切です。トレーニングを行う時間は脳が最も活発に働く午前中が理想的です。食事をとってからトレーニングをしないと効果半減です。

多くの方が、トレーニングを午後や夜に行うと、朝行った場合よりも計算に時間がかかることを経験すると思います。なぜなら、午前中とその他の時間帯では、脳の働き具合が大きく異なるからです。日々のトレーニングによる計算能力の向上を体感するためには、できるだけ同じ時間に行うことをおすすめします。

3 トレーニングのコツ

1日に表と裏の1枚を行います。表面では、宮沢賢治の作品を音読します。裏面では、表面の文章の一部を思い出しながら空欄に漢字を書きます。忘れてしまった場合は、表面を見て、確認して書いていきます。できるだけ見ないで書くようにすることが、短期記憶のトレーニングになります。裏面の左側には逆ピラミッド計算があります。2つの数字をたしていくことをくり返して、最後の答えを求めます。途中の答えは書かずに覚えておきます。これが短期記憶の訓練になります。

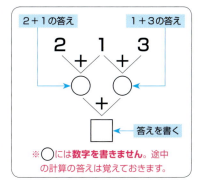

4 週末には、脳の働き具合をチェック

本書は、毎週月～金曜日の毎日トレーニングを行い、週末の土日のどちらかで前頭葉機能検査を行うように作ってあります。たとえば、土日もトレーニングを行いたい、仕事の都合などで週に3日しかトレーニングできないという方は、5回のトレーニングを行うごとに前頭葉機能検査を行います。そして、前頭葉機能検査の結果を巻末の表につけていくと、脳が若返っていく変化（注8）を自分で確認することができるでしょう。日をあけてトレーニングを行うと効果が見えにくい場合があります。できる限り続けてトレーニングを行いましょう。

注8■脳の若返り曲線
脳の働きは、トレーニング（学習）の最初は比較的良好に向上します。しかし、必ず壁に当たり、検査成績が伸び悩む時期があります。その間もあきらめずにトレーニングを続けると、次のつき抜け期がやってきて、急激に成績が伸びます。検査成績では、伸びが無い壁のような時期があっても、その間に脳は力をためて次の飛躍の準備をしていることを、忘れないでください。

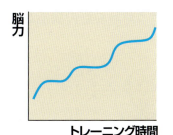

5 5回目ごとの前頭葉機能検査の行い方

前頭葉機能検査は、**トレーニングを始める前に1回**（別冊1～3ページの「トレーニングを始める前の前頭葉機能チェック」）、その後は、**トレーニングを5回行うごとに行います。**また、どのテストも時間を計るので、秒まで計れる時計やストップウォッチを用意し、家族の方など他の人に時間を計測してもらうようにするといいでしょう。

●カウンティングテスト

1から120までの数字を声に出して、できるだけ速く順に数えて、その時間を計ります。必ず数字はきちんと発音するようにしましょう。左右の前頭前野の総合的な働きを評価します。また、カウンティングテストは数学の力とも相関していることがわかっています。45秒で中学生レベル、35秒で高校生レベル、25秒を切ると理系の大学生レベルです。目標タイムにして挑戦してみましょう。

●単語記憶テスト

表にはひらがな3文字の単語が30個書いてあります。2分間でできるだけたくさん覚えます。2分間で覚えたら、紙を裏返し、次の2分間で単語を思い出しながら書き出します。2分間で何語正確に書き出せたかが点数になります。左脳の短期記憶をあつかう前頭前野の機能を見るテストです。

●ストループテスト（別冊4～15ページ）

色がついた色の名前（あか、あお、きいろ、くろ）の表があります。中には書かれている文字とその色が一致していないものがあります。このテストでは、文字の色を順に声に出して、答えていきます。文字を読むのではありませんから注意してください。

まずは1行分の練習をしましょう。練習が終わったら、本番です。すべての文字の色を答え終わるまでの秒数を計り、記録します。ストループテストは、左右の前頭前野の総合的な働きを評価します。また、個人により速さが大きく異なるために、目標や基準の数値はありません。前週の自分の記録を目標にしましょう。

■読み方の例

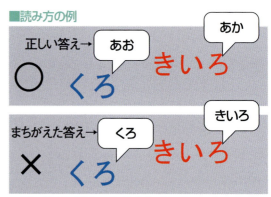

※まちがえたら、同じところを答え直しましょう。

6 本書を使い終わったら…

この本を終えた後も、日々トレーニングを行う習慣を保つことが大切です。トレーニングをやめると脳機能は再びゆっくりと低下し始めます。是非最初からくり返し本書のトレーニングを続けてください。また、脳を活性化させるために同シリーズの他のドリルや姉妹編の『音読で脳を鍛える名文365日』にも挑戦してみてください。

【編集付記】
　表面の宮沢賢治作品は「校本宮沢賢治全集」を底本として構成していますが、表面の文章を音読し、その一部を記憶して裏面に筆記する際の学習上の配慮として、底本にない句読点や改行を加えて記載しているものもあります。
　また、上記の理由より、現在、賢治作品として流布されている書籍によっては、漢字、送り仮名等の表記が異なって示されているものがありますが、ここでは「校本宮沢賢治全集」にできるだけ忠実に表記しています。
　なお、本文中に、現代では差別的表現と受け取られかねない表現が使われている場合がありますが、当時の状況や作品の文学性を考慮し、原文のままとしました。

【参考文献】
「校本宮沢賢治全集」（筑摩書房）、「宮沢賢治絵童話集」（くもん出版）他。

第1日（「銀河鉄道の夜」―1）

● 次の文章を声に出して、できるだけ早く、一回くり返して読みましょう。

「ではみなさんは、そういうふうに川だと云われたり、乳の流れたあとだと云われたりしていた、このぼんやりと白いものがほんとうは何かご承知ですか。」

　先生は、黒板に吊した大きな黒い星座の図の、上から下へ白くけぶった銀河帯のようなところを指しながら、みんなに問をかけました。カムパネルラが手をあげました。それから四五人手をあげました。ジョバンニも手をあげようとして、急いでそのままやめました。たしかにあれがみんな星だと、いつか雑誌で読んだのでしたが、このごろはジョバンニはまるで毎日教室でもねむく、本を読むひまも読む本もないので、なんだかどんなこともよくわからないという気持ちがするのでした。

　ところが先生は早くもそれを見附けたのでした。

● 前ページの文章を思い出しながら、□と□に漢字を書き入れましょう。

先生は、□□に吊した大きな黒い□□の

□の、上から下く□くけぶった□□□の

ようなところを□しながら、みんなに□を

かけました。カムパネルラが□をあげました。

● 例を見て、次の計算を行い、□に答えを書きましょう。

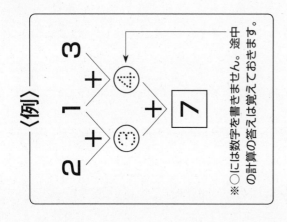

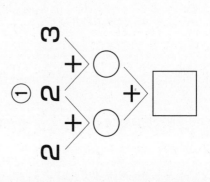

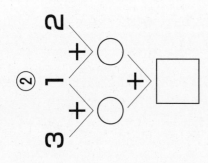

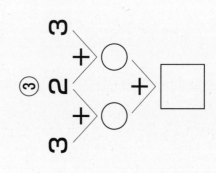

第2日 (「銀河鉄道の夜」—2)

●次の文章を声に出して、できるだけ早く、一回くり返して読みましょう。

ジョバンニが学校の門を出るとき、同じ組の七八人は家へ帰らずカムパネルラをまん中にして、校庭の隅の桜の木のところに集まっていました。それはこんやの星祭に青いあかりをこしらえて、川へ流す烏瓜を取りに行く相談らしかったのです。

けれどもジョバンニは、手を大きく振ってどしどし学校の門を出て来ました。すると町の家々ではこんやの銀河の祭りにいちいの葉の玉をつるしたり、ひのきの枝にあかりをつけたり、いろいろ仕度をしているのでした。家へは帰らず、ジョバンニが町を三つ曲って、ある大きな活版処にはいってすぐ入口の計算台に居た、だぶだぶの白いシャツを着た人におじぎをして、ジョバンニは靴をぬいで上がりますと、突き当りの大きな扉をあけました。

第2日

● 前ページの文章を思い出しながら、□と□に漢字を書き入れましょう。

すると□の□の□にはくさやの□□の□まつりにうちわらの□の□をつるしたり、ひのきの□にあかりをつけたり、いろいろ仕度をしているのでした。

● 次の計算を行い、□に答えを書きましょう。

① 1+3, 4+4 → □ + □ = □

② 1+4, 2+2 → □ + □ = □

③ 3+2, 3+3 → □ + □ = □

④ 4+3, 2+2 → □ + □ = □

第1日 10ページ ① 9 ② 7 ③ 10

第3日 (「銀河鉄道の夜」—3)

「川へ行くの。」ジョバンニが言おうとして、少しのどがつまったように思ったとき、

「ジョバンニ、らっこの上着が来るよ。」さっきのザネリがまた叫びました。

「ジョバンニ、らっこの上着が来るよ。」すぐみんなが、続いて叫びました。

ジョバンニはまっ赤になって、もう歩いているかもわからず、急いで行きすぎようとしましたら、そのなかにカムパネルラが居たのです。カムパネルラは気の毒そうに、だまって少しわらって、怒らないだろうかというようにジョバンニの方を見ていました。ジョバンニは、遁げるようにその眼を避けて、そしてカムパネルラのせいの高いかたちが過ぎて行って間もなく、みんなはてんでに口笛を吹きました。

第3日

● 前ページの文章を思い出しながら、□と□に漢字を書き入れましょう。

ショパンは、避けるようにその□(め)を□(さ)け、

そしてカベネルラのせいの□(たか)いかたちが

□(す)きに□(こ)って□(ま)もなく、みんなはじゅんに

□□を□(ぶ)きました。

● 次の計算を行い、□に答えを書きましょう。

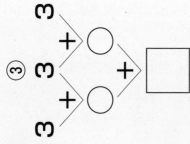
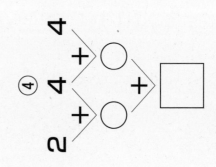

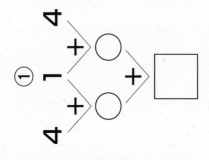
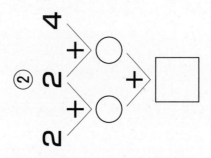

第4日 (「銀河鉄道の夜」―4)

次の文章を声に出して、できるだけ早く、一回くり返して読みましょう。

　ジョバンニは、頂の天気輪の柱の下に来て、どかどかするからだを、つめたい草に投げました。

　町の灯は、暗の中をまるで海の底のお宮のけしきのようにともり、子供らの歌う声や口笛、きれぎれの叫び声もかすかに聞えて来るのでした。風が遠くで鳴り、丘の草もしずかにそよぎ、ジョバンニの汗でぬれたシャツもつめたく冷やされました。ジョバンニは町のはずれから遠く黒くひろがった野原を見わたしました。

　そこから汽車の音が聞えてきました。その小さな列車の窓は一列小さく赤く見え、その中にはたくさんの旅人が、苹果を剥いたり、わらったり、いろいろな風にしていると考えますと、ジョバンニはもう何とも云えずかなしくなって、また眼をそらに挙げました。

第4日

●前ページの文章を思い出しながら、□と□に漢字を書き入れましょう。

　まち　　　　　　　　　　なか　　　　うみ　　とり
□の□は、暗の□をまるで□の□のお

　や　　　　　　　　　　　　　　り　あお
□のけしきのようにとり、□□らの

う　　　り　え　　くも　　ぶえ　　　　　　　き　り　え
□う□や□□、きれきれの□び□も

　　　　　　きり　　　　く
かすかに□えて□るのでした。

●次の計算を行い、□に答えを書きましょう。

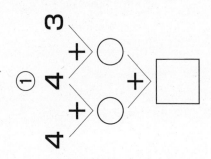

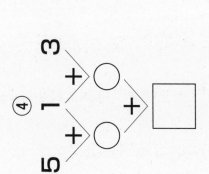

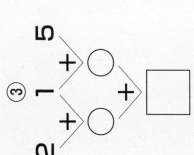

第3日　14ページ　①10　②10　③12　④14

第5日 (「銀河鉄道の夜」—5)

●次の文章を声に出してできるだけ早く一回くり返して読みましょう。

ほんとうにジョバンニは、夜の軽便鉄道の、小さな黄いろの電燈のならんだ車室に、窓から外を見ながら座っていたのです。車室の中は、青い天蚕絨を張った腰掛けが、まるでがら明きで、向うの鼠いろのワニスを塗った壁には、真鍮の大きなぼたんが二つ光っているのでした。すぐ前の席に、ぬれたようにまっ黒な上着を着たせいの高い子供が、窓から頭を出して外を見ているのに気が付きました。そしてそのこどもの肩のあたりが、どうも見たことのあるような気がして、そう思うと、もうどうしても誰だかわかりたくて、たまらなくなりました。いきなりこっちも窓から顔を出そうとしたとき、俄かにその子供が頭を引っ込めて、こっちを見ました。それはカムパネルラだったのです。

第5日

● 前ページの文章を思い出しながら、□と□に漢字を書き入れましょう。

ほんとうにふしぎでした。□の□□□□

□の、□□□□の、□のならんだ

□□に、□から□を□ながら

□ついていたのです。

● 次の計算を行い、□に答えを書きましょう。

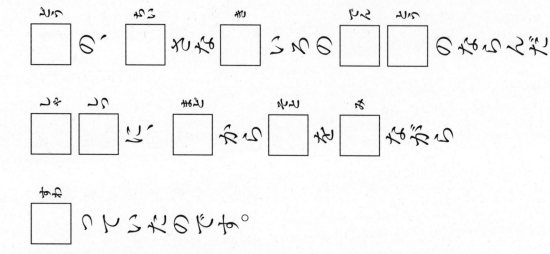

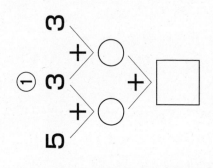

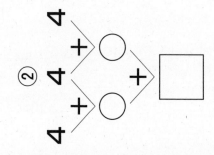

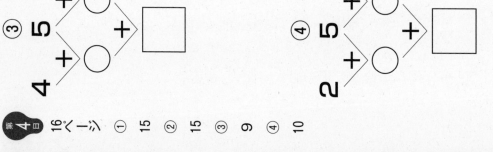

第1週 前頭葉機能検査 ……………… □月□日

Ⅰ カウンティングテスト

1から120までを声に出してできるだけ速く数えます。数え終わるまでにかかった時間を計りましょう。

□秒

Ⅱ 単語記憶テスト

まず、次のことばを、**2分間**で、できるだけたくさん覚えます。

にっき	ばいう	かぞく	らいす	いりえ	さわぎ
えんぎ	めだか	ようき	おんな	だいく	ぬまち
すずめ	きもち	うなじ	はたき	こうじ	わかれ
かいこ	しごと	つらら	ねぞう	ほんや	かもめ
みやげ	あきち	ぜんご	きけん	まぐろ	おどり

覚えたことばを、裏のページの解答用紙にできるだけたくさん書きます。**2分間**で、覚えたことばを、いくつ思い出すことができますか？

第1週

II 覚えたことばを、2分間で□に書きましょう。

単語記憶テスト解答欄

正答数　語

III 別冊4ページの「ストループテスト」も忘れずに行いましょう。

第6日 (「銀河鉄道の夜」—6)

●次の文章を声に出して、できるだけ早く、一回くり返して読みましょう。 音読開始時刻 □分□秒

「もうここらは白鳥区のおしまいです。ごらんなさい。あれが名高いアルビレオの観測所です。」

窓の外の、まるで花火でいっぱいのような、あまの川のまん中に、黒い大きな建物が四棟ばかり立って、その一つの平屋根の上に、眼もさめるような、青宝玉（サファイア）と黄玉（トパース）の大きな二つのすきとおった球が、輪になってしずかにくるくるとまわっていました。

黄いろのがだんだん向うくまわって行って、青い小さいのがこっちく進んで来、間もなく二つはじは、重なり合って、きれいな緑いろの両面凸レンズのかたちをつくり、それもだんだん、まん中がふくらみ出して、とうとう青いのは、すっかりトパースの正面に来ましたので、緑の中心と黄いろな明るい環とができました。

音読終了時刻 □分□秒 所要時間 □分□秒

● 前ページの文章を思い出しながら、□と□に漢字を書き入れましょう。

まん□なかがくらみ□だしで、

□いのは、すっかりペースの□しょう□めんに

□きましたので、□のどの□ちゅうしんと□きょりな

□かるい環とがにできました。

● 次の計算を行い、□に答えを書きましょう。

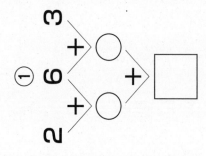

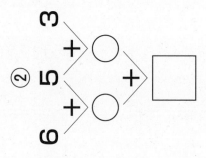

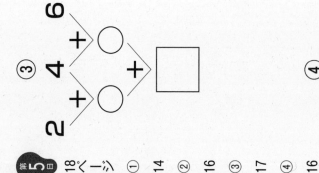

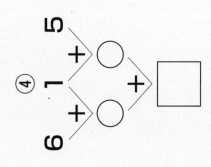

第7日 (「銀河鉄道の夜」―7)

「そうだ。見たまえ。そこらの三角標は、ちょうどさそりの形にならんでいるよ。」

ジョバンニはまったく、その大きな火の向うに三つの三角標がちょうどさそりの腕のように、こっちに五つの三角標がさそりの尾やかぎのようにならんでいるのを見ました。そして、ほんとうにそのまっ赤うつくしいさそりの火は、音なくあかるくあかるく燃えたのです。

その火がだんだんうしろの方になるにつれて、みんなは何とも云えず、にぎやかなさまざまの楽の音や草花の匂のようなもの、口笛や人々のざわざわ云ううう声やらを聞きました。それはもうじきちかくに町か何かがあって、そこにお祭でもあるというような気がするのでした。

第7日

● 前ページの文章を思い出しながら、□と□に漢字を書き入れましょう。

その□がだんだんうしろの□になるにつれて

みんなは□ともつたえず、にぎやかなさまざまの

楽の□や□や□の句のようなもの、□□や

□□の花がわかがれる□やらを□きました。

● 次の計算を行い、□に答えを書きましょう。

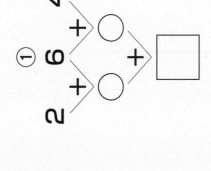

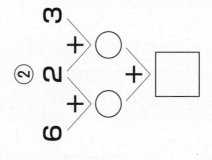

第8日 (「銀河鉄道の夜」―⑧)

● 次の文章を声に出して、できるだけ早く一回くり返して読みましょう。

そして見ていると、みんなはつつましく列を組んで、あの十字架の前の天の川のなぎさにひざまずいていました。そしてその見えない天の川の水をわたって、ひとりの神々しい白いきものの人が手をのばしてこっちへ来るのを二人は見ました。

けれどもそのときはもう、硝子の呼子は鳴らされ汽車はうごき出し、と思ううちに、銀いろの霧が川下の方からすうっと流れて来て、もうそっちは何にも見えなくなりました。ただたくさんのくるみの木が葉をさんさんと光らして、その霧の中に立ち黄金の円光をもった電気栗鼠が、可愛い顔をその中からちらちらのぞいているだけでした。

そのときすうっと霧がはれかかりました。どこか行く街道らしく小さな電燈の一列についた通りがありました。

第8日

●前ページの文章を思い出しながら、□と□に漢字を書き入れましょう。

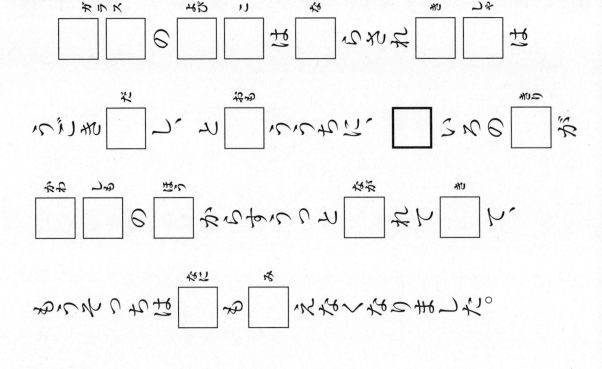

□□の□は□られ□□は
うしき□し、と□うちに、□いろの□が
□□の□からうつと□れて□て、
もうそっちは□も□えなくなりました。

●次の計算を行い、□に答えを書きましょう。

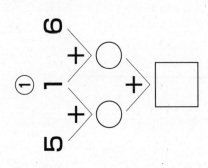

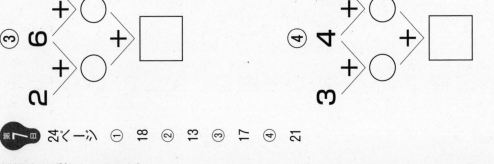

第7日 24ページ ① 18 ② 13 ③ 17 ④ 21

第9日 (「銀河鉄道の夜」―9)

● 次の文章を声に出してできるだけ早く一回くり返して読みましょう。

「カムパネルラ、僕たち一緒に行こうねえ。」

ジョバンニが斯う云いながらふりかえって見ましたら、そのいままでカムパネルラの座っていた席にもうカムパネルラの形は見えず、ジョバンニはまるで鉄砲丸のように立ちあがりました。

そして誰にも聞えないように、窓の外へからだを乗り出して、力いっぱいはげしく胸をうって叫び、それからもう咽喉いっぱい泣きだしました。もうそこらが、一ぺんにまっくらになったように思いました。

ジョバンニは眼をひらきました。もとの丘の草の中につかれてねむっていたのでした。胸は何だかおかしく熱り、頬にはつめたい涙がながれていました。

ジョバンニはばねのようにはね起きました。

● 前ページの文章を思い出しながら、□と□に漢字を書き入れましょう。

ショパンは □(め) をひらきました。あとの □(おか) の

□ の □(なか) につれてねむっていたのでした。

□(むね) は □(なん) だかおしく □(ほて) り、□(ほお) にはつめたい

□(なみだ) がながれていました。

● 次の計算を行い、□に答えを書きましょう。

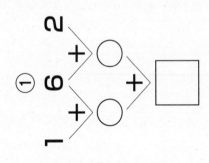

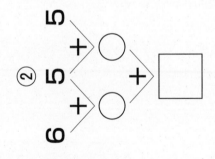

（「銀河鉄道の夜」―10）

そこに学生たち、町の人たちに囲まれて、青じろい尖ったあごをしたカムパネルラのお父さんが黒い服を着てまっすぐに立って右手に持った時計をじっと見つめていたのです。みんなもじっと河を見ていました。誰も一言も物を云う人もありませんでした。ジョバンニは、わくわくわくわく足がふるえました。魚をとるときのアセチレンランプがたくさんせわしく行ったり来たりして、黒い川の水は、ちらちら小さな波をたてて流れているのが見えるのでした。下流の方の川はいっぱい銀河が巨きく写って、まるで水のないそのままのそらのように見えました。ジョバンニは、そのカムパネルラはもう、あの銀河のはずれにしかいないというような気がしてしかたなかったのです。

第10日

●前くー>の文章を思い出しながら、□と□に漢字を書き入れましょう。

□(まち)の□(ひと)たちに□(かこ)まれて、□(おお)ぜい

とがったあごをしたカムパネルラのお□(とう)さんが

□(くろ)い□(ふく)を□(き)てまっすぐに□(た)って□(あき)に□(と)

□(も)った□□をといて□(み)つめていたのです。

●次の計算を行い、□に答えを書きましょう。

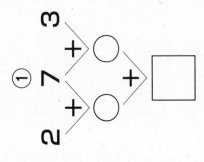
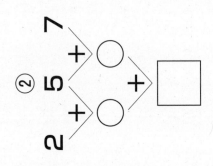
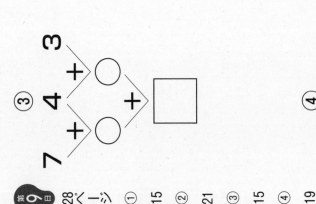
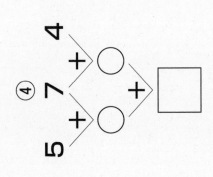

第9日 28ページ ① 15 ② 21 ③ 15 ④ 19

第2週 前頭葉機能検査 ……………… □月□日

Ⅰ カウンティングテスト

1から120までを声に出してできるだけ速く数えます。数え終わるまでにかかった時間を計りましょう。

□ 秒

Ⅱ 単語記憶テスト

まず、次のことばを、**2分間**で、できるだけたくさん覚えます。

せんぞ	かかと	れんが	うせつ	ぎもん	なまず
ちいき	おとめ	くらい	せいじ	たすき	いかり
こっぷ	はかま	のぞみ	ほうち	おんど	すぶた
あやめ	めいい	じけん	きいろ	はだし	まんと
ぶぶん	きぞく	あさり	つぼみ	よやく	げんき

覚えたことばを、裏のページの解答用紙にできるだけたくさん書きます。
2分間で、覚えたことばを、いくつ思い出すことができますか？

Ⅱ 覚えたことばを、2分間で☐に書きましょう。

単語記憶テスト解答欄

正答数 ☐ 語

Ⅲ 別冊5ページの「ストループテスト」も忘れずに行いましょう。

(「風の又三郎」-1)

どっどど どどうど

どどうど どどう

青いくるみも吹きとばせ

すっぱいかりんも吹きとばせ

どっどど どどうど

どどうど どどう

谷川の岸に小さな学校がありました。

教室はたった一つでしたが、生徒は三年生がないだけで、あとは一年から六年までみんなありました。運動場もテニスコートのくらいでしたが、すぐうしろは栗の木のあるきれいな草の山でしたし、運動場の隅には、ごぼごぼつめたい水を噴く岩穴もあったのです。さわやかな九月一日の朝でした。青ぞらで風がどうと鳴り、日光は運動場いっぱいでした。

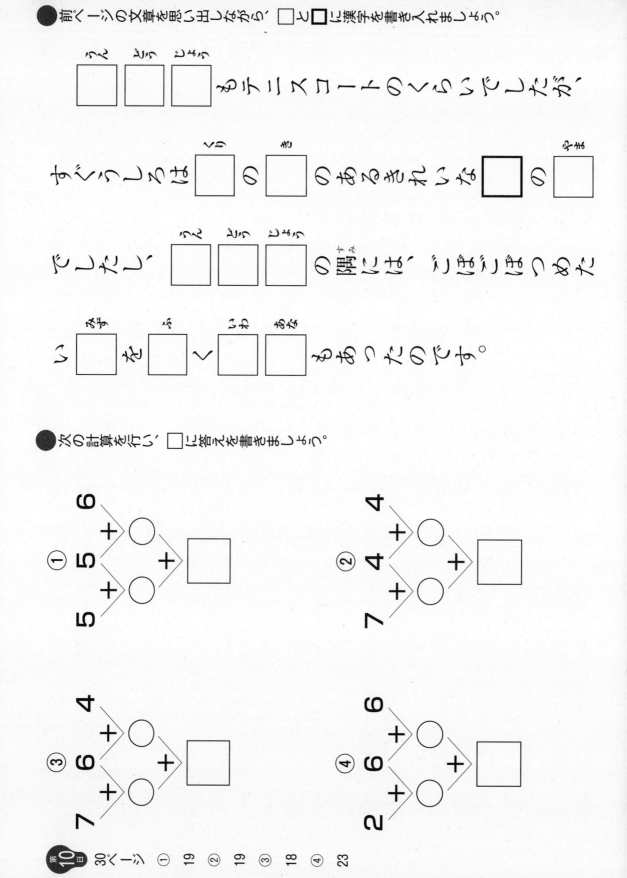

(「風の又三郎」―2)

●次の文章を声に出してできるだけ早く一回くり返して読みましょう。 音読開始時刻　　分　　秒

「あいつは外国人だな。」

「学校へ、入るのだな。」みんなはやがやがや云いました。ところが五年生の嘉助がいきなり、

「ああ三年生さ入るのだ。」と叫びましたので、

「ああそうだ。」と小さいこどもらは思いましたが、一郎はだまってくびをまげました。

変なことは、やはりきょろきょろこっちを見るだけ、きちんと腰掛けています。

そのとき風がどうと吹いて来て教室のガラス戸はみんながたがた鳴り、学校のうしろの山の萱や栗の木はみんな変に青じろくなってゆれ、教室のなかのこどもは何だかにやっとわらって、すこしうごいたようでした。すると嘉助がすぐ叫びました。

「ああわかった。あいつは風の又三郎だぞ。」

音読終了時刻　　分　　秒　所要時間　　分　　秒

●前ページの文章を思い出しながら、□と□に漢字を書き入れましょう。

そのとき□(かぜ)がふいて□(ふ)いて□(き)と□(きゃくしつ)の

ガラス□(ど)はみながたがた□(な)り、□□(ふね)のう

しろの□(やま)の葺や□(くら)の□(き)はみな□(くん)に□(お)

ろくなってゆれ……。

●次の計算を行い、□に答えを書きましょう。

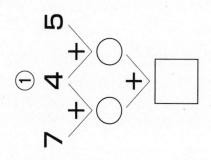

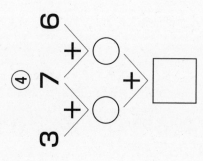

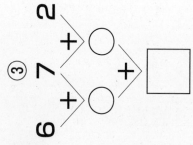

第11日 34ページ ① 21 ② 19 ③ 23 ④ 20

（「風の又三郎」—③）

●次の文章を声に出して、できるだけ早く一回くり返して読みましょう。

その時、風がざあっと吹いて来て土手の草はざわざわ波になり、運動場のまん中でざあっと塵があがり、それが玄関の前まで行くと、きりきりとまわって小さなつむじ風になって、黄いろな塵は瓶をさかさまにしたような形になって屋根より高くのぼりました。すると嘉助が突然高く云いました。

「そうだ。やっぱりあいつ又三郎だぞ。あいつ何かするときっと風吹いてくるぞ。」

「うん。」一郎はどうだかわからないと思いながらもだまってそっちを見ていました。又三郎はそんなことにはかまわず土手の方へ、やはりすたすた歩いて行きます。そのとき先生がいつものように呼子をもって玄関を出て来たのです。「お早うございます。」小さな子どもらは、はせ集りました。

第13日

● 前ページの文章を思い出しながら、□と□に漢字を書き入れましょう。

それが □げん □かん の □まえ まで □こ ろがりまして、

まわって □ち ろさくなつに □かぜ になって、 □き いろな

塵ちりは □びん をさかさまにしたような □かたち になって、

□□ より □だ かくのぼりました。

● 次の計算を行い、□に答えを書きましょう。

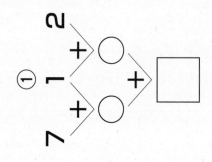

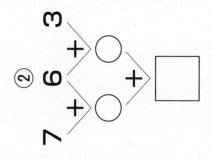

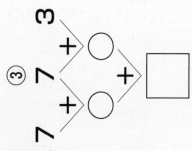

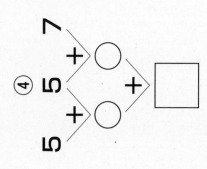

第14日 (「風の又三郎」—4)

●次の文章を声に出して、できるだけ早く、一回くり返して読みましょう。 時音読開始 □分□秒

　次の朝、空はよく晴れて谷川はさらさら鳴りました。一郎は途中で、嘉助と佐太郎と悦治をさそっていっしょに三郎のうちの方へ行きました。
　学校の少し下流で谷川をわたって、それから岸で楊の枝をみんなで一本ずつ折って、青い皮をくるくるむいて鞭を拵えて、手でひゅうひゅう振りながら、上の野原への路をだんだんのぼって行きました。みんなは、早くも登りながら息をはあはあしました。
「又三郎、ほんとにあそこの湧水まで来て待ってるべか。」「待ってるんだ。又三郎、うそこがないもな。」「ああ暑う、風吹けばいいな。」「どごがらだが、風吹いてるぞ。」「又三郎、吹がせだべくも。」「何だがお日さん、ぼやっとして来たな。」
　空に少しばかりの白い雲が出ました。

時刻音読終了 □分□秒 所要時間 □分□秒

第14日

● 前ページの文章を思い出しながら、□と□に漢字を書き入れましょう。

それから□に□の□をみんなに□□
つ□って、□い□を　　　刺いて、鞭を折
え、□にひゅうひゅう□りながら、□の
□□くの□をだんだんのって□きました。

● 次の計算を行い、□に答えを書きましょう。

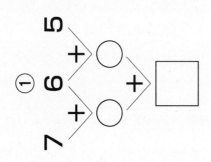

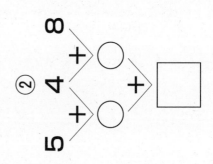

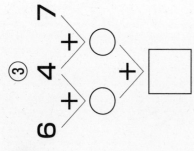

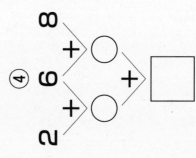

そんなことはみんなどこか遠いできごとのようでした。

もう又三郎がすぐ眼の前に足を投げだしてだまって空を見あげているのです。いつかいつもの鼠いろの上着の上に、ガラスのマントを着ているのです。それから光るガラスの靴をはいているのです。又三郎の肩には栗の木の影が青く落ちています。又三郎の影は、また青く草に落ちています。そして風がどんどんどんどん吹いているのです。

又三郎は笑いもしなければ物も云いません。ただ小さな唇を強そうにきっと結んだまま黙ってそらを見ています。いきなり又三郎はひらっとそらく飛びあがりました。ガラスのマントがギラギラ光りました。

第15日

●前ページの文章を思い出しながら、□と□に漢字を書き入れましょう。

又三郎の□には□の□の□が□〜□ちています。又三郎の□は、また□〜□に□ちています。そして□がびゅんびゅんびゅんと□いているものです。

●次の計算を行い、□に答えを書きましょう。

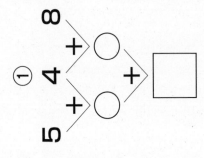
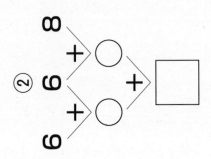
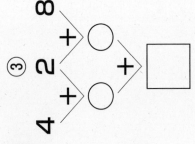
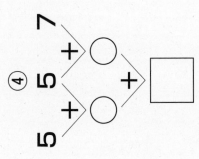

第14日 40ページ ① 24 ② 21 ③ 21 ④ 22

第3週 前頭葉機能検査 　□月□日

I カウンティングテスト

1から120までを声に出してできるだけ速く数えます。数え終わるまでにかかった時間を計りましょう。

　　　　　　　　　　　　　　　　　　　　　　　□秒

II 単語記憶テスト

まず、次のことばを、**2分間**で、できるだけたくさん覚えます。

むすこ	たいら	におい	ゆうげ	がはく	おかし
きあつ	やかん	あぶら	ぴんく	さいん	くらげ
おんぶ	みどり	さとう	ごうか	へんじ	ななつ
はかり	したく	とうぶ	そふと	いみん	ちぇろ
つきよ	おちば	けんさ	あくび	れふと	すうじ

覚えたことばを、裏のページの解答用紙にできるだけたくさん書きます。
2分間で、覚えたことばを、いくつ思い出すことができますか？

Ⅱ 覚えたことばを、2分間で☐に書きましょう。

第3週

単語記憶テスト解答欄

正答数 ☐ 語

Ⅲ 別冊6ページの「ストループテスト」も忘れずに行いましょう。

第16日 (「風の又三郎」—⑥)

●次の文章を声に出してできるだけ早く一回くり返して読みましょう。

その太陽は、少し西の方に寄っかかり、幾片かの蝋のような霧が、逃げおくれて仕方なしに光りました。草からは雫がきらきら落ち、総ての葉も茎も花も、今年の終りの陽の光を吸っています。はるかな西の碧い野原は、今泣きやんだようにまぶしく笑い、向うの栗の木は青い後光を放ちました。みんなはもう疲れて一郎をさきに野原をおりました。湧水のところで三郎はやっぱりだまって、きっと口を結んだままみんなに別れて、じぶんだけお父さんの小屋の方へ帰って行きました。

帰りながら嘉助が云いました。

「あいつやっぱり風の神だぞ。風の神の子っ子だぞ。あそごさ二人して巣食ってるんだぞ。」

「そだないよ。」一郎が高く云いました。

●前ページの文章を思い出しながら、□と□に漢字を書き入れましょう。

はるかな□に□の若い□□は、今□きゃんだ

ように□しく□に、□うの□の□は

□い□□を□ちました。みんなはもう

□れて一郎をさきに□の□をおりました。

●次の計算を行い、□に答えを書きましょう。

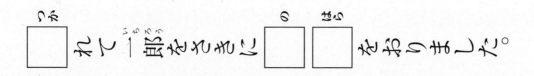

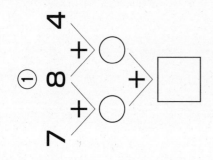

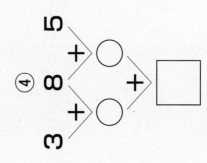

 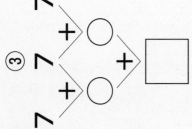

（「風の又三郎」——7）

青いいがが一つ落ちました。又三郎はそれを棒きれで剥いて、まだ白い栗を一つとりました。みんなは葡萄の方へ一生けん命でした。

そのうち耕助が一つの藪へ行こうと一本の栗の木の下を通りますと、いきなり上から栗がぺんにざっと落ちてきましたので、耕助は肩からせなかへ水へ入ったようになりました。

耕助はおどろいて口をあいて上を見ましたら、いつか木の上に又三郎がのぼっていて、なんだかしわらいながらじぶんも袖ぐちで顔をふいていたのです。

「わあい、又三郎何する。」耕助はうらめしそうに木を見あげました。

「風が吹いたんだい。」三郎は上で、くつくつわらいながら云いました。

第17日

●前ページの文章を思い出しながら、□と□に漢字を書き入れましょう。

□おいが□ひと□お ちました。又三郎は

それを□ぼうきれで剝いて、まだ□あ い□ぐりを

□ふたつとりました。みんなは葡萄の方へ

□い□しょうけん□めいでした。

●次の計算を行い、□に答えを書きましょう。

① 7 + 5, 7 + 7 → ○ + ○ → □

② 1 + 7, 8 + ? → ○ + ○ → □

③ 6 + 8, 2 + ? → ○ + ○ → □

④ 5 + 8, 4 + ? → ○ + ○ → □

第16日 46ページ ① 27 ② 27 ③ 28 ④ 24

（「風の又三郎」―⑧）

●次の文章を声に出して、できるだけ早く一回くり返して読みましょう。

「又三郎、水泳ぎに行がないか。小さいやつぅど今ごろみんな行ってるぞ。」と云いましたので、又三郎もついて行きました。そこはこの前上の野原へ行ったところよりも、も少し下流で右の方からもう一つの谷川がはいって来て少し広い河原になり、そのすぐ下流は巨きないちゐの樹の生えた崖になっているのでした。

「おおい。」と先きに来ている子どもらがはだかで両手をあげて叫びました。一郎やみんなは、河原のねむの木の間をまるで徒競走のように走っていきなりきものをぬぐと、すぐぶんぶんと水に飛び込んで、両足をかわるがわる曲げて、だあんだあんと水をたたくようにしながら、斜めにならんで向う岸へ泳ぎはじめました。

第18日

●前ページの文章を思い出しながら、□と□に漢字を書き入れましょう。

む□し□りゅうに□ぎの□ほうからひ□つの

た□に□お□がはいって□き□す□し□ひ□ろ□に

なり、そのすぐ□か□りゅう□は□おお□きなれいかちの□が□の

はえた□が□けになっているものにした。

●次の計算を行い、□に答えを書きましょう。

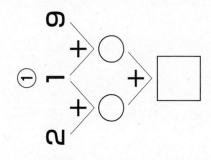

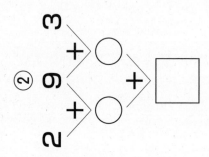

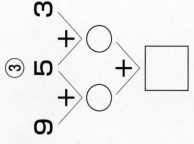

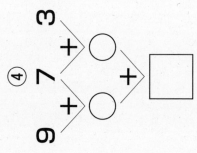

第19日 (「風の又三郎」—の)

●次の文章を声に出してできるだけ早く、一回くり返して読みましょう。

そのうちに、いきなり上の野原のあたりで、ごろごろと雷が鳴り出しました。と思うと、まるで山つなみのような音がして、じゃんに夕立がやって来ました。風までひゅうひゅう吹きだしました。

淵の水には、大きなぶちぶちがたくさんできて、水だか石だかわからなくなってしまいました。

みんなは河原から着物をかかえて、ねむの木の下へ遁げこみました。すると又三郎も何だかはじめて怖くなったと見えて、さいかちの木の下からどぼんと水へはいってみんなの方へ泳ぎだしました。すると誰ともなく、「雨はざっこざっこ雨三郎、風はどっこどっこ又三郎。」と叫んだものがありました。

みんなもすぐ声をそろえて叫びました。「雨はざっこざっこ雨三郎、風はどっこどっこ又三郎。」

第19日

● 前のページの文章を思い出しながら、□と□に漢字を書き入れましょう。

ごろごろごろと□が□り□しました。と□って、まるに□つなみのような□がして、□くんに□□がやって□ました。□まにひゅうひゅう□がふきだしました。

● 次の計算を行い、□に答えを書きましょう。

① 8+7=○, 7+2=○, ○+○=□

② 9+4=○, 4+2=○, ○+○=□

③ 4+9=○, 9+8=○, ○+○=□

④ 8+8=○, 8+7=○, ○+○=□

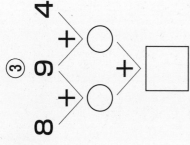
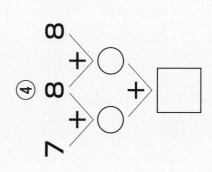

第18日 50ページ ① 13 ② 23 ③ 22 ④ 26

第20日 (「風の又三郎」―10)

「又三郎って高田さんですか。ええ、高田さんは昨日お父さんといっしょにもう外へ行きました。日曜なのでみなさんにご挨拶するひまがなかったのです。」
「先生、飛んで行ったのですか。」嘉助がききました。
「いいえ、お父さんが会社から電報で呼ばれたのです。お父さんはもういちどちょっとここへ戻られるそうですが、高田さんはやっぱり向うの学校に入るのだそうです。向うにはお母さんも居られるのですから。」「何して会社で呼ばったべす。」一郎がききました。「ここのモリブデンの鉱脈は、当分手をつけないことになった為だそうです。」「そうだないな。やっぱりあいつは風の又三郎だったな。」嘉助が高くさけびました。宿直室の方で何かごとごと鳴る音がしました。

第20日

●前のページの文章を思い出しながら、□と□に漢字を書き入れましょう。

「□□なのでみなさんに□□するひまがなかったのです。」「□□、□んと□った のですか。」嘉助がききました。「いいえ、お□さんが□□から□□で□□ばれたのです。」

●次の計算を行い、□に答えを書きましょう。

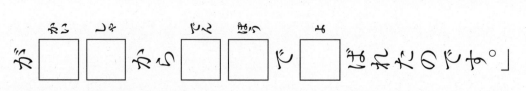

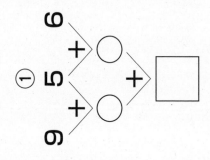

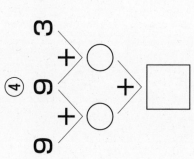

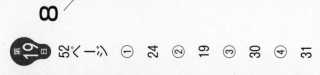

第4週 前頭葉機能検査　　　　　　　　　　　□月□日

I カウンティングテスト

1から120までを声に出してできるだけ速く数えます。数え終わるまでにかかった時間を計りましょう。

　　　　　　　　　　　　　　　　　　　　　　　　　　□秒

II 単語記憶テスト

まず、次のことばを、**2分間**で、できるだけたくさん覚えます。

こあら	おうぼ	やこう	ねこぜ	かっぱ	せいと
ふうう	ごぼう	いびき	ひのき	すがた	りえき
かいが	ろまん	まいく	こども	てあし	あつぎ
えのき	はしら	けもの	さんば	ひかり	どうさ
にかい	じごえ	つよき	うかい	めがみ	ききて

覚えたことばを、裏（うら）のページの解答用紙にできるだけたくさん書きます。**2分間**で、覚えたことばを、いくつ思い出すことができますか？

第4週

Ⅱ 覚えたことばを、2分間で ☐ に書きましょう。

単語記憶テスト解答欄

正答数 ☐ 語

Ⅲ 別冊7ページの「ストループテスト」も忘れずに行いましょう。

第21日 (「オツベルと象」―1)　　　月　日

●次の文章を声に出して、できるだけ早く一回くり返して読みましょう。 音読開始 時刻　分　秒

オツベルときたら大したもんだ。稲扱器械の六台も据えつけて、のんのんのんのんのんのんと、大そうろしない音をたててやっている。

十六人の百姓どもが、顔をまるっきり真赤にして足で踏んで器械をまわし、小山のように積まれた稲を片っぱしから扱いて行く。

藁はどんどんうしろの方へ投げられて、また新らしい山になる。そこらは、籾や藁から発ったごまかな塵で、変にぼうっと黄いろになり、まるで沙漠のけむりのようだ。

そのうすくらい仕事場を、オツベルは、大きな琥珀のパイプをくわえ、吹殻を藁に落さないよう、眼を細くして気をつけながら、両手を背中に組みあわせて、ぶらぶら往ったり来たりする。

音読終了 時刻　分　秒　所要時間　分　秒

第21日

● 前ページの文章を思い出しながら、□と□に漢字を書き入れましょう。

藁はどんどん下の□（ほう）へ□（な）げられて、また□（あたら）しい□になる。それらは、籾や藁から□（た）ったこまかな塵で、□（く）にほうっと□（ま）になり、まるで□（き）□（ぼく）のけむりのようだ。

● 次の計算を行い、□に答えを書きましょう。

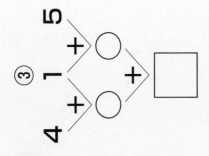

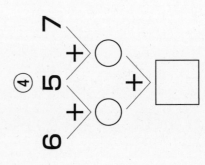

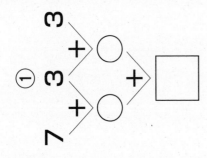

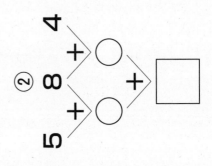

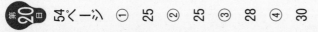

第22日 (「オツベルと象」—2)

● 次の文章を声に出してできるだけ早く一回くり返して読みましょう。

するとこんどは白象が、片脚床にあげたのだ。百姓どもはぎょっとした。それでも仕事が忙しいし、かかり合ってはひどいから、そっちを見ずに、やっぱり稲を扱いていた。

オツベルは奥のうすくらいところで両手をポケットから出して、もう一度ちらっと象を見た。それからいかにも退屈そうに、わざと大きなあくびをして、両手を頭のうしろに組んで、行ったり来たりやっていた。ところが象が威勢よく、前肢二つついきだして、小屋にあがって来ようとする。百姓どもはぎくっとし、オツベルもすこしぎょっとして、大きな琥珀のパイプから、ふっとけむりをはきだした。それでもやっぱりしらないふうで、ゆっくりそこらをあるいていた。

● 前ページの文章を思い出しながら、□と□に漢字を書き入れましょう。

それからいかにも□□そうに、

わたしと□(おお)きなあくびをして、□□(りょうて)を□(あたま)の

うしろに□(く)んで、□(う)ったり□(ま)がり

やっていた。

● 次の計算を行い、□に答えを書きましょう。

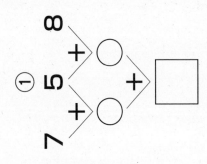

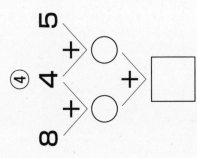

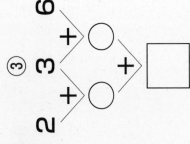

第23日（「オツベルと象」—3）

●次の文章を声に出してできるだけ早く一回くり返して読みましょう。

オツベルときたら大したもんだ。それにこの前稲扱き小屋で、うまく自分のものにした象もじつに大したもんだ。力も二十馬力もある。第一みかけがまっ白で、牙はせんたいきれいな象牙でできている。皮も全体立派で丈夫な象皮なのだ。そしてずいぶんはたらくもんだ。けれどもそんなに稼ぐのも、やっぱり主人が偉いのだ。

「おい、お前は時計は要らないか。」丸太で建てたその象小屋の前に来て、オツベルは琥珀のパイプをくわえ、顔をしかめて斯う訊いた。

「ぼくは時計は要らないよ。」象がわらって返事した。

「まあ持って見ろ、いいもんだ。」斯う言いながらオツベルは、ブリキでこさえた大きな時計を、象の首からぶらさげた。

●前のページの文章を思い出しながら、□と□に漢字を書き入れましょう。

「おい、お□(まえ)は□(と)□(け)は□(こう)らないか。」

□□(たたみ)に□(た)てたその□(ぎょう)□(じ)□(や)の□(まえ)に

□(き)て、オッペルは琥珀のパイプをくわえ、

□(かお)をしかめて斯う訊いた。

●次の計算を行い、□に答えを書きましょう。

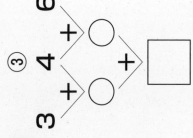 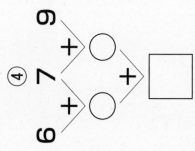

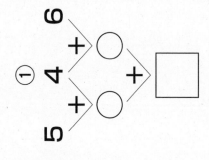 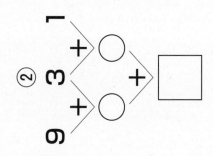

第24日 (「オツベルと象」―4)

●次の文章を声に出して、できるだけ早く一回くり返して読みましょう。

　ある晩、象は象小屋で、ふらふら倒れて地べたに座り、藁もたべずに、十一日の月を見て、

「もう、さよなら、サンタマリア。」と斯う言った。

「おや、何だって？さよならだ？」月が俄かに象に訊く。

「ええ、さよならです。サンタマリア。」

「何だい、なりはかり大きくて、からっきし意気地のないやつだなあ。仲間へ手紙を書いたらいいや。」月がわらって斯う云った。

「お筆も紙もありませんよう。」象は細ういきれいな声で、しくしくしくしく泣き出した。

「そら、これでしょう。」すぐ眼の前で、可愛い子どもの声がした。象が頭を上げて見ると、赤い着物の童子が立って、硯と紙を捧げていた。象は早速手紙を書いた。

第24日

● 前のページの文章を思い出しながら、□と□に漢字を書き入れましょう。

□<small>そう</small>が □<small>あたま</small>を □<small>あ</small>げて □<small>みる</small>と、

□<small>きい</small>□<small>まもの</small>の □<small>もう</small>□<small>と</small>が □<small>た</small>って、

硯<small>すずり</small>と □<small>かみ</small>を □<small>さお</small>げていた。

□<small>そう</small>は □<small>さっ</small>□<small>そく</small>□<small>て</small>□<small>がみ</small>を □<small>か</small>いた。

● 次の計算を行い、□に答えを書きましょう。

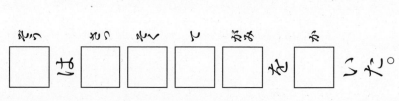

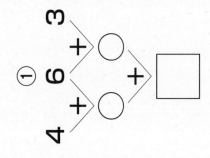 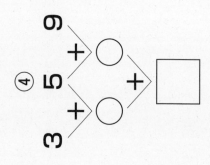

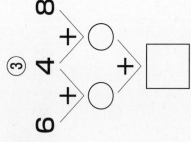

第23日 62ページ ① 19 ② 16 ③ 17 ④ 29

（「オツベルと象」―⑤）

　オツベルはもう支度ができて、ラッパみたいな声で、百姓どもをはげました。ところがどうして、百姓どもは気が気じゃない。こんな主人に巻き添いなんぞ食いたくないから、みんなタオルやはんけちや、よごれたような白いようなものを、ぐるぐる腕に巻きつける。降参をするしるしなのだ。

　オツベルはいよいよやっきとなって、そこらあたりをかけまわる。オツベルの犬も気が立って、火のつくように吠えながら、やしきの中をはせまわる。

　間もなく地面はぐらぐらとゆられ、そこらはしやばしゃくらくなり、象はやしきをとりまいた。グララアガア、グララアガア、その恐ろしいさわぎの中から、

　「今助けるから安心しろよ。」やさしい声もきこえてくる。

第25日

● 前ページの文章を思い出しながら、□と□に漢字を書き入れましょう。

オシベはめう□し□く□がにきて

ラッパみたいなこ□に、□ひ□じ□ょ□うどもを

はけました。とんるがじいして

□ひ□じ□ょ□うどもは□き□が□きじゃない。

● 次の計算を行い、□に答えを書きましょう。

① 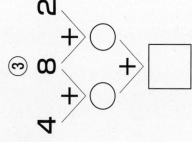　②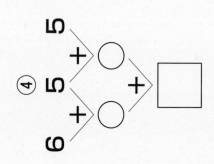

③ 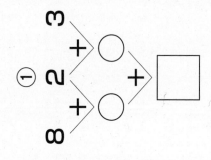　④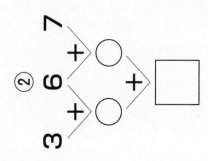

第 5 週 前頭葉機能検査 ……………… ☐月☐日

I カウンティングテスト

1から120までを声に出してできるだけ速く数えます。数え終わるまでにかかった時間を計りましょう。

☐ 秒

II 単語記憶テスト

まず、次のことばを、**2分間**で、できるだけたくさん覚えます。

ひつじ	きごう	みりん	どれす	ながさ	いいん
いかだ	てほん	せいり	うりば	けいと	はいく
むふう	あぐら	ぶたい	きろく	ほのお	やがい
ごぜん	らんち	おとこ	ぺんち	つづき	こうら
さむさ	のっく	かばん	よはく	いろり	とんぼ

覚えたことばを、裏のページの解答用紙にできるだけたくさん書きます。
2分間で、覚えたことばを、いくつ思い出すことができますか？

II　覚えたことばを、2分間で□に書きましょう。

単語記憶テスト解答欄

正答数 □語

III　別冊8ページの「ストループテスト」も忘れずに行いましょう。

（「土神と狐」―１）

●次の文章を声に出してできるだけ早く、一回くり返して読みましょう。

　樺には新らしい柔らかな葉がいっぱいついていいかおりがそこら中いっぱい、空にはもう天の川がしらしらと渡り、星はいちめんぶるえたりゆれたり灯ともったり消えたりしていました。
　その下を狐が詩集をもって遊びに行ったのでした。仕立おろしの紺の背広を着、赤革の靴もキッキッと鳴ったのです。

「実にしずかな晩ですねえ。」
「ええ。」樺の木はそっと返事をしました。
「蝎ぼしが向うを這っていますね。あの赤い大きなやつを昔は支那では火と云ったんですよ。」
「火星とはちがうんでしょうか。」
「火星とはちがいますよ。火星は惑星ですね、ところがあいつは立派な恒星なんです。」

第26日

● 前ページの文章を思い出しながら、□と□に漢字を書き入れましょう。

その□を狐が□□をもって

□びに□ったのでした。□□おろしの

□の□□を、□□の□を

キツキツと□ったのです。

● 次の計算を行い、□に答えを書きましょう。

① 7＋6＋8 ＝ □

② 6＋3＋1 ＝ □

③ 4＋4＋6 ＝ □

④ 3＋4＋6 ＝ □

第25日 66ページ ① 15 ② 22 ③ 22 ④ 21

第27日 (「土神と狐」—2)

●次の文章を声に出して、できるだけ早く一回くり返して読みましょう。

八月のある霧のふかい晩でした。土神は何とも云えずさびしくて、それにむしゃくしゃして仕方ないのでぶらっと自分の祠を出ました。足はいつの間にかあの樺の木の方へ向っていたのです。本当に土神は樺の木のことを考えるとなぜか胸がどきっとするのでした。そして大へんに切なかったのです。このごろは大へんに心持が変ってよくなっていたのです。ですから、なるべく狐のことなど樺の木のことなど考えたくないと思ったのでしたが、どうしてもそれがおもえて仕方ありませんでした。

おれはいやしくも神じゃないか、一本の樺の木がおれに何のあたいがあると毎日毎日土神は繰り返して自分で自分に教えました。それでもどうしてもかなしくて仕方なかったのです。

第27日

●前ページの文章を思い出しながら、□と□に漢字を書き入れましょう。

□□のある□のふかい□でした。

□□は□とあそぼうとちかよって

それにもしゃくしゃくしして□□ないので

ふらっと□□の□を□ました。

●次の計算を行い、□に答えを書きましょう。

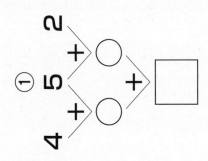

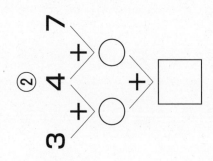

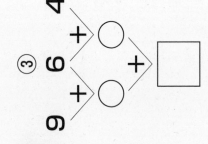

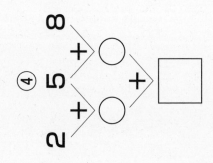

（「土神と狐」—３）

●次の文章を声に出してできるだけ早く、一回くり返して読みましょう。　時刻読開始　□分□秒

　そのうちとうとう秋になりました。樺の木はまだまっ青でしたが、その辺のいのころぐさはもうすっかり黄金いろの穂を出して風に光り、ところどころすずらんの実も赤く熟しました。

　あるすきとおるような黄金いろの秋の日、土神は大へん上機嫌でした。今年の夏からのいろいろなくらい思いが何だかほうっとみんな立派なものに変わって、頭の上に環になってかかったように思いました。そしてもうあの不思議に意地の悪い性質もどこかへ行ってしまって樺の木など狐と話したいなら話すがいい、両方ともうれしくはなすのならほんとうにいいことなんだ、今日はそのことを樺の木に云ってやろうと思いながら、土神は心も軽く樺の木の方へ歩いて行きました。

時刻読終了　□分□秒　所要時間　□分□秒

● 前ページの文章を思い出しながら、□と□に漢字を書き入れましょう。

□□の□(なつ)からのころしなったら□(おも)いが

□(なん)だかぼうっとみな□(ぽ)なるやのような

ものに□(かわ)って、□(あたま)の□(うえ)に環になって

かかったように□(おも)いました。

● 次の計算を行い、□に答えを書きましょう。

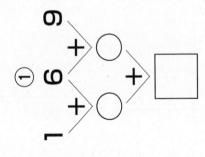
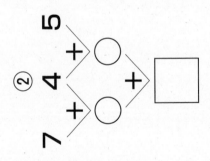
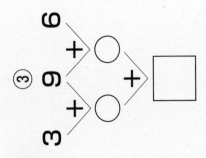
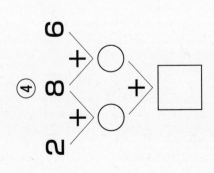

第29日 (「土神と狐」－4）

● 次の文章を声に出してできるだけ早く一回くり返して読みましょう。

土神はしばらくの間ただぼんやりと狐を見送って立っていましたが、ふと狐の赤革の靴のキラッと草に光るのにびっくりして我に返ったと思いましたら、俄かに頭がぐらっとしました。狐がいかにも意地をはったように肩をいからせてぐんぐん向うへ歩いているのです。土神はむらむらっと怒りました。顔も物凄くまっ黒に変ったのです。美学の本だの望遠鏡だのと、畜生、さあ、どうするか見ろ、といきなり狐のあとを追いかけました。

樺の木はあわてて枝がぺんにがたがたふるえ、狐もそのけはいにどうしたのかと思って何気なくうしろを見ましたら、土神がまるで黒くなって嵐のように追って来るのでした。さあ狐はさっと顔いろを変え口もまがり風のように走って遁げ出しました。

第29日

● 前ページの文章を思い出しながら、□と□に漢字を書き入れましょう。

□(か)も □(もの)□(すご)く まつ□(くろ)に □(か)ったのです。

□(で)□(か)の□(へん)だの□(ほう)□(えん)□(ちょう)だの、

畜生、さあ、どうするか□(み)ろ、

というなり□のあとを□(お)いかけました。

● 次の計算を行い、□に答えを書きましょう。

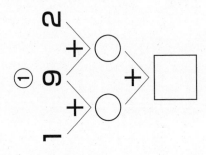

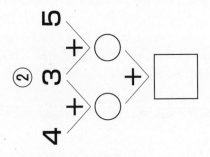

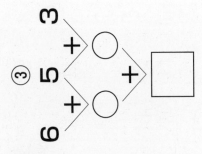

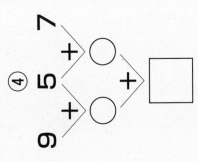

第28日 74ページ ① 22 ② 20 ③ 27 ④ 24

（「土神と狐」―5）

 土神はいきなり狐を地べたに投げつけて、ぐちゃぐちゃ四五へん踏みつけました。

 それからいきなり狐の穴の中にとび込んで行きました。中はがらんとして暗くただ赤土が奇麗に堅められているばかりでした。土神は大きく口をまげてあけながら、少し変な気がして外へ出て来ました。

 それからぐったり横になっている狐の屍骸のレーンコートのかくしの中に手を入れて見ました。そのかくしの中には茶いろなかもやの穂が二本はいって居ました。土神はさっきからあいていた口をそのまま、まるで途方もない声で泣き出しました。

 その泪は雨のように狐に降り、狐はいよいよ首をぐんにゃりとしてうすら笑ったようになって死んで居たのです。

第30日

● 前ページの文章を思い出しながら、□と□に漢字を書き入れましょう。

　□□ はいきなり狐を □ ぐたに □ けつけ、

ぐちゃぐちゃ □□ くん □ みつけました。

それから、いきなり狐の □ の □ に

とび □ んで □ きました。

● 次の計算を行い、□に答えを書きましょう。

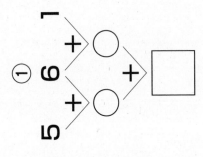

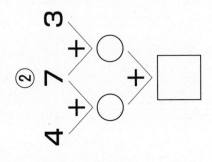

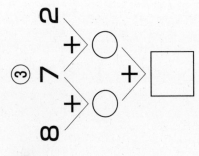

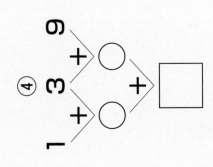

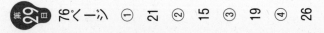

第6週 前頭葉機能検査 ……………… □月□日

Ⅰ カウンティングテスト

1から120までを声に出してできるだけ速く数えます。数え終わるまでにかかった時間を計りましょう。

　　　　　　　　　　　　　　　　　　　　　　　　　□秒

Ⅱ 単語記憶テスト

まず、次のことばを、**2分間**で、できるだけたくさん覚えます。

つくし	みぶり	あだな	ぽっと	さんま	ひだり
しばふ	かえる	ひんと	なふだ	こびと	あいて
えいご	めろん	れいぎ	いはん	ゆけつ	ちじん
かだん	ふもと	きげき	もけい	あした	せんい
おなか	いるい	どそく	かんじ	にわき	ころも

覚えたことばを、裏のページの解答用紙にできるだけたくさん書きます。
2分間で、覚えたことばを、いくつ思い出すことができますか？

Ⅱ 覚えたことばを、2分間で□に書きましょう。

単語記憶テスト解答欄

正答数 □ 語

□	□	□
□	□	□
□	□	□
□	□	□
□	□	□
□	□	□
□	□	□
□	□	□
□	□	□
□	□	□

Ⅲ 別冊9ページの「ストループテスト」も忘れずに行いましょう。

(「注文の多い料理店」―1)

二人の若い紳士が、すっかりイギリスの兵隊のかたちをして、ぴかぴかする鉄砲をかついで、白熊のような犬を二疋つれて、だいぶ山奥の、木の葉のかさかさしたとこを、こんなことを云いながら、あるいておりました。

「ぜんたい、ここらの山は怪しからんね。鳥も獣も一疋も居やがらん。なんでも構わないから、早くタンタアーンと、やって見たいもんだなあ。」

「鹿の黄いろな横っ腹なんぞに、二三発お見舞もうしたら、ずいぶん痛快だろうねえ。くるくるまわって、それからどたっと倒れるだろうねえ。」

それはだいぶの山奥でした。案内をしてきた専門の鉄砲打ちも、ちょっとまごついて、どこか行ってしまったくらいの山奥でした。

第31日

● 前ページの文章を思い出しながら、□と□に漢字を書き入れましょう。

ぴかぴかする □□ をかつに、□□ の
ような □ を□足つれて、だいぶ □□ の、
□の□のかさかさしたいとを、いとないとを、
ぶらながら、あるいておりました。

● 次の計算を行い、□に答えを書きましょう。

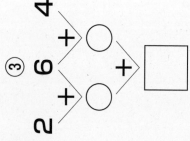

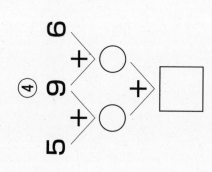

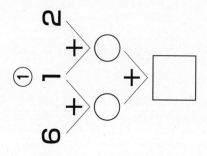

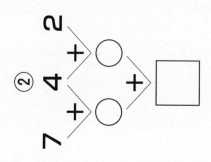

第30日 78ページ ① 18 ② 21 ③ 24 ④ 16

第32日　(「注文の多い料理店」―2)

●次の文章を声に出して、できるだけ早く一回くり返して読みましょう。　時刻開始　分　秒

ところがどうも困ったことは、どっちへ行けば戻れるのか、いっこうに見当がつかなくなっていました。

風がどうと吹いてきて、草はざわざわ、木の葉はかさかさ、木はごとんごとんと鳴りました。

「どうも腹が空いた。さっきから横っ腹が痛くてたまらないんだ。」

「ぼくもそうだ。もうあんまりあるきたくないな。」

「あるきたくないよ。ああ困ったなあ、何かたべたいなあ。」

「喰べたいもんだなあ。」

二人の紳士は、ざわざわ鳴るすすきの中で、こんなことを云いました。

その時ふとうしろを見ますと、立派な一軒の西洋造りの家がありました。

時刻終了　分　秒　所要時間　分　秒

83

第32日

● 前ページの文章を思い出しながら、□と□に漢字を書き入れましょう。

□ふた □り の □と し は、それぞれ □な るすきの

□なか に、にんにくを□う えました。その □とき ふと

うしろを□み ると、□ふ□し なが□ふ□け の

□せい□ちょう□て りの□う ちがありました。

● 次の計算を行い、□に答えを書きましょう。

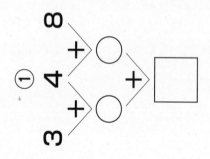

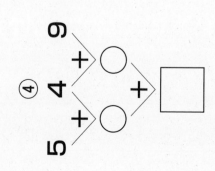

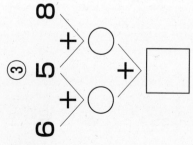

（「注文の多い料理店」――３）

●次の文章を声に出してできるだけ早く一回くり返して読みましょう。

　そして戸の前には金ピカの香水の瓶が置いてありました。二人はその香水を、頭へぱちゃぱちゃ振りかけました。

　ところがその香水は、どうも酢のような匂がするのでした。

「この香水はへんに酢くさい。どうしたんだろう。」

「まちがえたんだ。下女が風邪でも引いてまちがえて入れたんだ。」

　二人は扉をあけて中にはいりました。

　扉の裏側には、大きな字で斯う書いてありました。

「いろいろ注文が多くてうるさかったでしょう。お気の毒でした。

　もうこれだけです。どうかからだ中に、壺の中の塩をたくさんよくもみ込んでください。」

● 前ページの文章を思い出しながら、□と□に漢字を書き入れましょう。

そして戸の　前　には　千　ピカの　光　る

　ビン　が　置　いてありました。

　二人　はその　光　る　を、

　六　ぱちゃぱちゃ　振　りかけました。

● 次の計算を行い、□に答えを書きましょう。

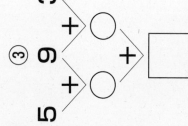

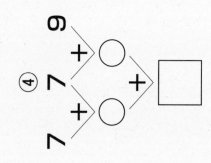

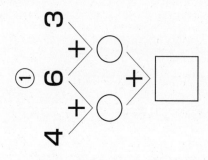

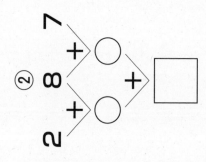

第34日 (「注文の多い料理店」―4)

次の文章を声に出して、できるだけ早く一回くり返して読みましょう。

「どうもおかしいぜ。」

「ぼくもおかしいとおもう。」

「沢山の注文というのは、向うがこっちへ注文しているんだよ。」

「だからさ、西洋料理店というのは、ぼくの考えるところでは、西洋料理を、来た人にたべさせるのではなくて、来た人を西洋料理にして、食べてやる家というううことなんだ。これは、その、つ、つ、つまり、ぼ、ぼ、ぼくらが……。」がたがたがたがたふるえだしてもうものが言えませんでした。

「その、ぼ、ぼくらが、……うわあ。」がたがたがたがたふるえだして、もうものが言えませんでした。

「遁げ……。」がたがたしながら一人の紳士はうしろの戸を押そうとしましたが、どうです、戸はもう一分も動きませんでした。

第34日

● 前ページの文章を思い出しながら、□と□に漢字を書き入れましょう。

がたがたしながら □□の□□は

うしろの□を□たうとしましたが、

どうです、□はうう□□も

□きませんでした。

● 次の計算を行い、□に答えを書きましょう。

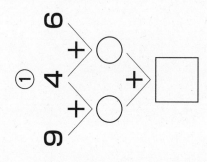

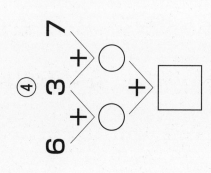

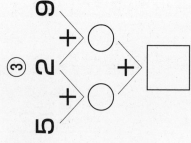

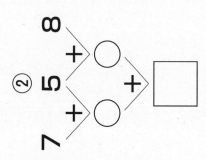

第35日 (「注文の多い料理店」─5)　　　月　　日

●次の文章を声に出してできるだけ早く一回くり返して読みましょう。　音読開始時刻　　分　　秒

犬がうぅとうなって戻ってきました。

そしてうしろからは、

「旦那あ、旦那あ」と叫ぶものがあります。

二人は俄かに元気がついて

「おおい、おおい、ここだぞ、早く来い。」と叫びました。

簑帽子をかぶった専門の猟師が、草をざわざわ分けてやってきました。

そこで二人はやっと安心しました。

そして猟師のもってきた団子をたべ、途中で十円だけ山鳥を買って東京に帰りました。

しかし、さっき一ぺん紙くずのようになった二人の顔だけは、東京に帰っても、お湯にはいっても、もうもとのとおりになおりませんでした。

音読終了時刻　　分　　秒　所要時間　　分　　秒

第35日

●前ページの文章を思い出しながら、□と□に漢字を書き入れましょう。

そして□□のあってきた

□□をたべ、□□で

□□だけ□□を□って

□□に□えりました。

●次の計算を行い、□に答えを書きましょう。

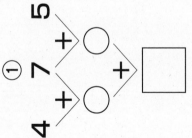

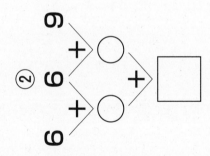

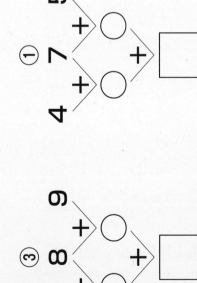

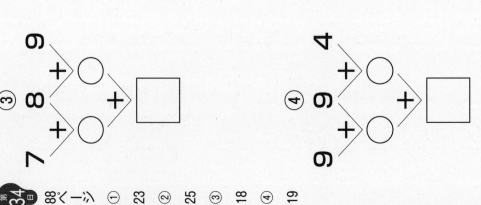

第7週 前頭葉機能検査 □月□日

I カウンティングテスト

1から120までを声に出してできるだけ速く数えます。数え終わるまでにかかった時間を計りましょう。

□ 秒

II 単語記憶テスト

まず、次のことばを、**2分間**で、できるだけたくさん覚えます。

わかば	きんこ	ふろば	たいき	くじら	あなた
ずきん	あつで	となり	げんご	えいよ	じょし
おまけ	はやし	かおく	うさぎ	りふと	ねんき
てれび	みんな	いせい	ひよこ	さいじ	かびん
かるた	せいぶ	まつり	やなぎ	おばけ	へいき

覚えたことばを、裏のページの解答用紙にできるだけたくさん書きます。
2分間で、覚えたことばを、いくつ思い出すことができますか？

第7週

Ⅱ 覚えたことばを、2分間で□に書きましょう。

単語記憶テスト解答欄

正答数
□ 語

□	□	□
□	□	□
□	□	□
□	□	□
□	□	□
□	□	□
□	□	□
□	□	□
□	□	□
□	□	□

Ⅲ 別冊10ページの「ストループテスト」も忘れずに行いましょう。

第36日 (「どんぐりと山猫」ー1)

●次の文章を声に出して、できるだけ早く、一回くり返して読みましょう。

おかしなはがきが、ある土曜日の夕がた、一郎のうちにきました。

かねた一郎さま 九月十九日

あなたは、ごきげんよろしいほで、けっこうです。

あした、めんどうなさいばんしますから、おいでなさい。とびどうぐもたないでください。

　　　　　　　　　　山ねこ　拝

こんなのです。字はまるでへたで、墨もがさがさして指につくくらいでした。けれども一郎は、うれしくてうれしくてたまりませんでした。はがきをそっと学校のかばんにしまって、うちじゅうとんだりはねたりしました。

ねどこにもぐってからも、山猫のにやあとした顔や、そのめんどうだという裁判のけしきなどを考えて、おそくまでねむりませんでした。

● 前ページの文章を思い出しながら、□と□に漢字を書き入れましょう。

ね□（こ）にあくびをしてから、□（やま）□（ね）この

にやあとした□（おお）きなあんびをして、

□□のけしきをながめ、

おそくまでねむりませんでした。

● 次の計算を行い、□に答えを書きましょう。

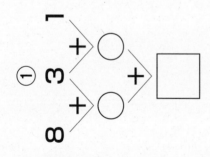

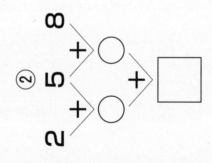

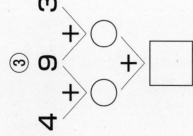

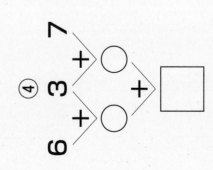

第35日　90ページ　① 23　② 27　③ 32　④ 31

「あのはがきはわしが書いたのだよ。」一郎はおかしいのをこらえて、

「ぜんたいあなたはなにですか。」とたずねますと、男は急にまじめになって、

「わしは山ねこさまの馬車別当だよ。」と言いました。

そのとき、風がどうと吹いてきて、草はいちめん波だち、別当は、急にていねいなおじぎをしました。

一郎はおかしいとおもって、ふりかえって見ますと、そこに山猫が、黄いろな陣羽織のようなものを着て、緑いろの眼をまん円にして立っていました。やっぱり山猫の耳は、立って尖っているなと、一郎がおもいましたら、山ねこはぴょっとおじぎをしました。一郎もていねいに挨拶しました。

「こや、こんにちは、きのうははがきをありがとう。」

第37日

● 前ページの文章を思い出しながら、☐と☐に漢字を書き入れましょう。

☐ち ☐うはおかしいとおもって、ふりかえって

☐みますと、たいに☐やま ☐にが、☐きいろな

☐☐☐のようなものを☐きて、☐もらいろの

☐めをまん円にして☐たっていました。

● 次の計算を行い、☐に答えを書きましょう。

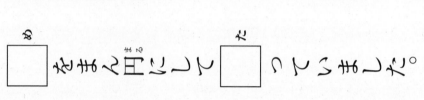

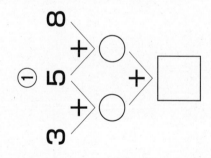
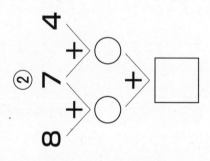

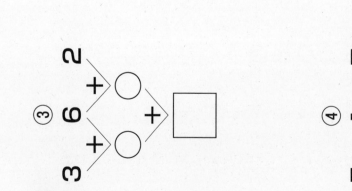
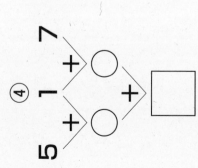

第36日 94ページ ① 15 ② 20 ③ 25 ④ 19

第38日 (「どんぐりと山猫」—3)

「こんにちは、よくおいででした。じつはおとといから、めんどうなあらそいがおこって、ちょっと裁判にこまりましたので、あなたのお考えを、うかがいたいとおもいましたのです。まあ、ゆっくり、おやすみください。じき、どんぐりどももまいりましょう。どうも、まい年、この裁判でくるしみます。」山ねこは、ふところから、巻煙草の箱を出して、じぶんが一本くわえ、

「いかがですか。」と一郎に出しました。一郎はびっくりして、

「いいえ。」と言いましたら、山ねこはおおように わらって、

「ふふん、まだお若いから。」と言いながら、マッチをしゅっと擦って、わざと顔をしかめて、青いけむりをふうと吐きました。

第38日

●前ページの文章を思い出しながら、□と□に漢字を書き入れましょう。

「ふふん、まだお□(か)いから、」と□(い)いながら、

マッチをしゅっと□(す)って、

わたと□(か)をしかめて、□いけむりを

ふうと□(は)きました。

●次の計算を行い、□に答えを書きましょう。

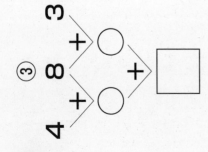

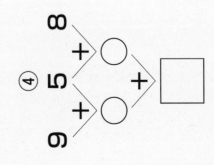

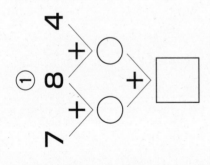

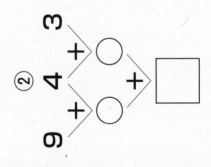

（「どんぐりと山猫」――4）

見ると山ねこは、もういつか、黒い長い繻子の服を着て、勿体らしく、どんぐりどもの前にすわっていました。まるで奈良のだいぶつをまにさんけいするみんなの絵のようだ、と一郎はおもいました。別当がそんに、革鞭を三べん、ひゅうぱちっ、ひゅうぱちっと鳴らしました。

空が青くすみわたり、どんぐりはぴかぴかしてじつにきれいでした。

「裁判ももう今日で三日目だぞ、いい加減になかおりをしたらどうだ。」山ねこがすこし心配そうに、それでもむりに威張って言いますと、どんぐりどもは口々に叫びました。

「いえいえ、だめです、なんといったって頭のとがってるのがいちばんえらいんです。そしてわたしがいちばんとがっています。」

第39日

● 前ページの文章を思い出しながら、□と□に漢字を書き入れましょう。

□(み)るとお□(やま)かねは、むこうが

□(くろ)い□(ふ)い繻子の□(ふく)を□(き)て、

勿体らしくどっかりあぐらの□(まえ)に

すわっていました。

● 次の計算を行い、□に答えを書きましょう。

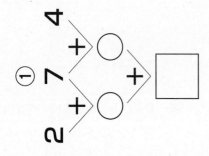

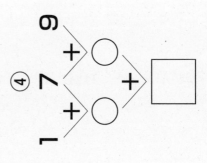

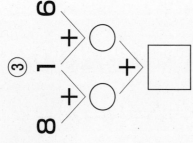

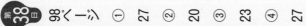

第40日 (「どんぐりと山猫」—5)

●次の文章を声に出して、できるだけ早く一回くり返して読みましょう。

馬車は草地をはなれました。木や藪がけむりのようにぐらぐらゆれました。一郎は黄金のどんぐりを見、やまねこはぱけたおつきで、遠くをみていました。

馬車が進むにしたがって、どんぐりはだんだん光がうすくなって、まもなく馬車がとまったときは、あたりまえの茶いろのどんぐりに変っていました。そして、山ねこの黄いろな陣羽織も、別当も、きのこの馬車も、一度に見えなくなって、一郎はじぶんのうちの前に、どんぐりを入れたますを持って立っていました。

それからあと、山ねこ拝というはがきは、もうきませんでした。やっぱり、出頭すべしと書いてあるといえばよかったと、一郎はときどき思うのです。

第40日

● 前ページの文章を思い出しながら、□と□に漢字を書き入れましょう。

そして、□山なのき□いろな、ひと□は□おり□る、

く□ず□る、きものの□□る、き□に□め□、

えなくなって、□ふ□ゆはにぶんのうちの□ぺ□み□、

ぐりを□こ□れたますを□も□って□た□っていました。

● 次の計算を行い、□に答えを書きましょう。

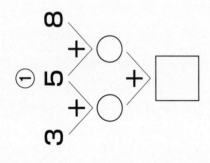

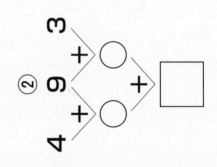

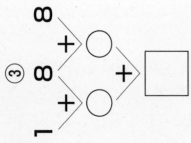

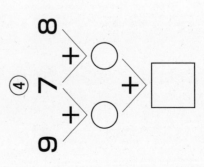

第8週 前頭葉機能検査　　　　　　　　□月□日

I カウンティングテスト

1から120までを声に出してできるだけ速く数えます。数え終わるまでにかかった時間を計りましょう。

　　　　　　　　　　　　　　　　　　　　　　　　　□秒

II 単語記憶テスト

まず、次のことばを、**2分間**で、できるだけたくさん覚えます。

れんげ	たから	おおや	ひばな	きもの	りんぐ
とさか	きいと	へきが	あたり	てがら	こたえ
うわぎ	むせん	すもも	ねっと	やくば	かがみ
からす	ほくろ	ぎだい	もずく	おめん	ふとさ
じつわ	あいだ	らくご	げんり	さいし	いもり

覚えたことばを、裏のページの解答用紙にできるだけたくさん書きます。**2分間**で、覚えたことばを、いくつ思い出すことができますか？

第8週

Ⅱ 覚えたことばを、2分間で☐に書きましょう。

単語記憶テスト解答欄

正答数 ☐語

☐	☐	☐
☐	☐	☐
☐	☐	☐
☐	☐	☐
☐	☐	☐
☐	☐	☐
☐	☐	☐
☐	☐	☐
☐	☐	☐
☐	☐	☐

Ⅲ 別冊11ページの「ストループテスト」も忘れずに行いましょう。

第41日 （「セロ弾きのゴーシュ」—1）

● 次の文章を声に出して、できるだけ早く一回くり返して読みましょう。 音読開始時刻　□分□秒

　ゴーシュは町の活動写真館でセロを弾く係りでした。けれどもあんまり上手でないという評判でした。上手でないどころではなく、実は仲間の楽手のなかではいちばん下手でしたから、いつでも楽長にいじめられるのでした。

　ひるすぎ、みんなは楽屋に円くならんで今度の町の音楽会へ出す第六交響曲の練習をしていました。
　トランペットは一生けん命歌っています。
　ヴァイオリンも二いろ風のように鳴っています。
　クラリネットもボーボーとそれに手伝っています。
　ゴーシュも口をりんと結んで眼を皿のようにして楽譜を見つめながら、もう一心に弾いています。
　にわかにぱたっと楽長が両手を鳴らしました。みんなぴたりと曲をやめてしんとしました。楽長がどなりました。

音読終了時刻　□分□秒　所要時間　□分□秒

● 前ページの文章を思い出しながら、□と□に漢字を書き入れましょう。

　□□[とう][ず]でならんでいるのではなく、□[い]は

　□□[なか][ま]の□□[がく][しゅ]のなかではいちばん

　□□[く][た]でしたから、いつでも□□に

　いじめられるのでした。

● 次の計算を行い、□に答えを書きましょう。

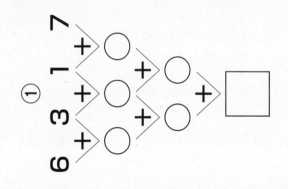

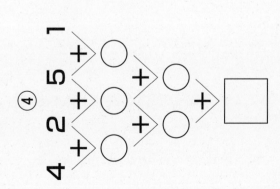

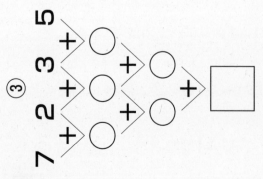

第42日 (「セロ弾きのゴーシュ」—2)

●次の文章を声に出してできるだけ早く一回くり返して読みましょう。 時刻開始 □分□秒

「セロがおくれた。トォテテ テテテイ ここからやり直し。はいっ。」みんなは今の所の少し前の所からやり直しました。ゴーシュは顔をまっ赤にして額に汗を出しながら、やっといま云われたところを通りました。ほっと安心しながら、つづけて弾いていますと楽長がまた手をはっと拍ちました。

「セロっ。糸が合わない。困るなあ。ぼくはきみにドレミファを教えてまでいるひまはないんだがなあ。」

みんなは気の毒そうにわざとぶんの譜をのぞきこんだり、じぶんの楽器をはじいて見たりしています。

ゴーシュはあわてて糸を直しました。これはじつはゴーシュも悪いのですが、セロもずいぶん悪いのでした。

時刻音読終了 □分□秒 所要時間 □分□秒

第42日

● 前ページの文章を思い出しながら、□と□に漢字を書き入れましょう。

みんなは□の□そうにしてお花火じぶんの

□をのだき□んだり、じぶんの□□を

はじらに□だんしています。

ゴーシュはあわして□を□しました。

● 次の計算を行い、□に答えを書きましょう。

① 4+2+6+1
② 3+4+5+1
③ 1+5+3+2
④ 2+4+1+8

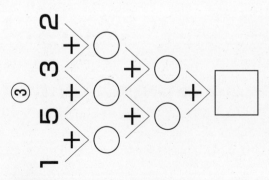

第41日 106ページ ① 25 ② 20 ③ 27 ④ 26

第43日 (「セロ弾きのゴーシュ」—3)　　月　日

●次の文章を声に出してできるだけ早く一回くり返して読みましょう。　音読開始時刻　分　秒

それから頭をひとつふって椅子へかけると、まるで虎みたいな勢でひるの譜を弾きはじめました。譜をめくりながら弾いては考え、考えては弾き、一生けんめいしまいまで行くと、またはじめからなんべんもなんべんもごうごうごうごう弾きつづけました。

夜中もとうにすぎて、しまいはもうじぶんが弾いているのかもわからないようになって、顔もまっ赤になり眼もまるで血走って、とても物凄い顔つきに、いまにも倒れるかと思うように見えました。

そのとき誰かうしろの扉をとんとんと叩くものがありました。

「ホーシュ君か。」ゴーシュはねぼけたように叫びました。ところが、すうと扉を押してはいって来たのは、いままで五六ぺん見たことのある大きな三毛猫でした。

音読終了時刻　分　秒　所要時間　分　秒

第43日

● 前のページの文章を思い出しながら、□と□に漢字を書き入れましょう。

とりが、すうっと扉を お □ して

はいって き □ たのは、いままに □ □ くん

み □ たんとのある お □ きな

み □ け □ ねこ □ でした。

● 次の計算を行い、□に答えを書きましょう。

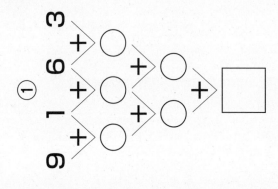

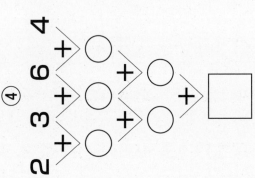

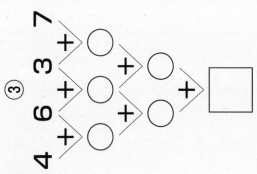

第42日 108ページ ① 29 ② 31 ③ 27 ④ 25

（「セロ弾きのゴーシュ」—4）

セロ弾きは何と思ったか、まずはんけちを引きさいてぶんの耳の穴へきっしりつめました。それからまるで嵐のような勢で「印度の虎狩」という譜を弾きはじめました。

すると猫はしばらく首をまげて聞いていましたがいきなりパチパチパチッと眼をしたかと思うとぱっと扉の方へ飛びのきました。そしていきなりどんと扉へからだをぶっつけましたが、扉はあきませんでした。猫はさあこれはもう一生一代の失敗をしたというふうにあわてだして、眼や額からぱちぱち火花を出しました。すると、こんどは口のひげからも鼻からも出ましたから猫はくすぐったがってしばらくしゃみをするような顔をして、それからまたあこうしてはいられないというように、はせあるきだしました。

●前ページの文章を思い出しながら、□と□に漢字を書き入れましょう。

□(ね)こはそありればあう□□□□の

□(い)□(ば)をしたらう□(ふ)にあにだしい

□(め)や□(ひた)からはちはち□(ひ)□(はな)を

□(だ)しました。

●次の計算を行い、□に答えを書きましょう。

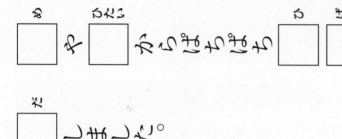

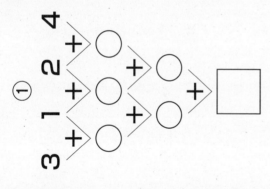

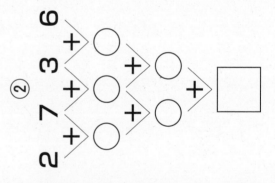

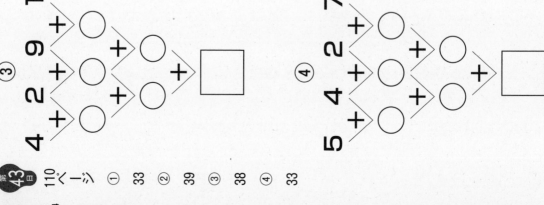

（「セロ弾きのゴーシュ」—⑤）

●次の文章を声に出して、できるだけ早く、一回くり返して読みましょう。

「さあ出て行きたまえ。」楽長が云いました。みんなもセロをむりにゴーシュに持たせて扉をあけると、いきなり舞台へゴーシュを押し出してしまいました。ゴーシュがその孔のあいたセロをもって出て行くと、みんなはそら見ろというように、どんどんと手を叩きました。わあと叫んだものもあるようでした。

「どこまでひとをばかにするんだ。よし見ていろ。印度の虎狩りをひいてやるから。」ゴーシュはすっかり落ちついて舞台のまん中へ出ました。

それからあの猫の来たときのように、まるで怒った象のような勢で虎狩りを弾きました。

ところが聴衆は、しいんとなって、一生けん命聞いています。

第45日

●前ページの文章を思い出しながら、□と□に漢字を書き入れましょう。

それからあの[猫]の[木]だときのように、

まるで[折]った[氷]のような[光]で[鏡]を

[引]きました。ところが[中][央]は、しいんと

なって[上][流]けん[沼]き[聞]いています。

●次の計算を行い、□に答えを書きましょう。

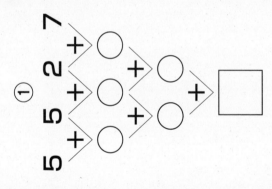

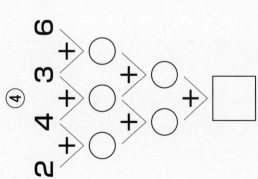

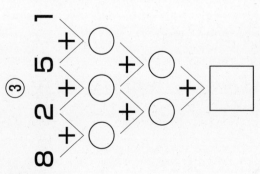

第9週 前頭葉機能検査　　　　　　□月□日

Ⅰ カウンティングテスト

1から120までを声に出してできるだけ速く数えます。数え終わるまでにかかった時間を計りましょう。

　　　　　　　　　　　　　　　　　　　　　　　　　□ 秒

Ⅱ 単語記憶テスト

まず、次のことばを、**2分間**で、できるだけたくさん覚えます。

ゆうが	かたち	めいぎ	うちき	すばこ	こんぶ
おくら	じてん	とりい	ほとり	こくご	まじめ
ひるま	けしき	あそび	きむち	かわら	いのち
ごうう	おやこ	りんご	いてん	じどう	ふぁん
せけん	ぬのじ	くさり	たきび	えんき	でぐち

覚えたことばを、裏のページの解答用紙にできるだけたくさん書きます。
2分間で、覚えたことばを、いくつ思い出すことができますか？

Ⅱ 覚えたことばを、2分間で□に書きましょう。

単語記憶テスト解答欄

正答数 □語

Ⅲ 別冊12ページの「ストループテスト」も忘れずに行いましょう。

そのころわたくしは、モリーオ市の博物局に勤めて居りました。

十八等官でしたから役所のなかでも、ずうっと下の方でしたし俸給もはんのわずかでしたが、受持ちが標本の探集や整理で生れ付き好きなことでしたから、わたくしは毎日ずいぶん愉快にはたらきました。

殊にそのころ、モリーオ市では競馬場を植物園に拵え直すというので、その景色のいいまわりにアカシヤを植え込んだ広い地面が、切符売場や信号所の建物のついたまま、わたくしどもの役所の方へまわって来たものですから、わたくしはすぐ宿直という名前で月賦で買った小さな蓄音器と二十枚ばかりのレコードをもって、その番小屋にひとり住むことになりました。

第46日

● 前ぺージの文章を思い出しながら、□と□に漢字を書き入れましょう。

わたしはすぐ□（しゅ）□（ちょく）という□（な）□（まえ）に

□（けっ）□（ぷ）で買った小さな□□□と

二十枚ばかりのレコードをもって、その

□（ば）□（ご）□（や）にひとり□（す）むことになりました。

● 次の計算を行い、□に答えを書きましょう。

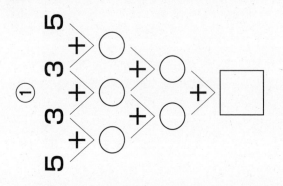
① 5+3+3+5+5

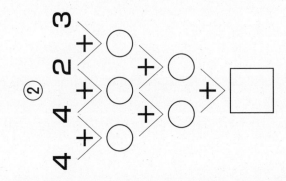
② 4+4+2+3+4

③ 5+1+1+8+5

④ 6+3+5+4+4

第45日 114ぺージ ① 33 ② 25 ③ 30 ④ 29

第47日 (「ポラーノの広場」―2)

次の文章を声に出して、できるだけ早く一回くり返して読みましょう。

そして八月三十日の午ごろ、わたくしは小さな汽船でとなりの県のシオーモの港に着き、そこから汽車でセンダードの市に行きました。三十一日わたくしはそこの理科大学の標本をも見せて貰うように途中から手紙をだしてあったのです。

わたくしが写真器と背嚢をたくさんもってセンダードの停車場に下りたのは、ちょうど灯がやっといていた所でした。わたくしは大学のすぐ近くのホテルからの客を迎える自動車にほかの五六人といっしょに乗りました。採って来たたくさんの標本をもってその巨きな建物の間を自動車で走るとき、わたくしはまるで凱旋の将軍のような気がしました。ところがホテルへ着いて見ると、この暑いのに窓がすっかり閉めてあるのです。

第47日

● 前ページの文章を思い出しながら、□と□に漢字を書き入れましょう。

　□(と)って□(き)たくさんの□□をあつて

そのおおきな□□の□□あそ□を□と□もうしょに

は□るとき、わたしはまるで凱旋の

しょう□ぐん□のような□き□がしました。

● 次の計算を行い、□に答えを書きましょう。

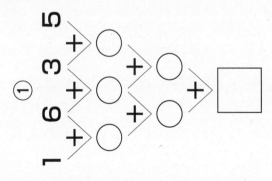

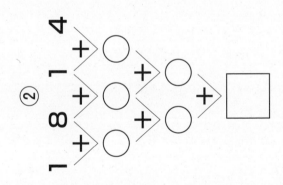

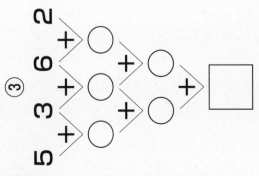

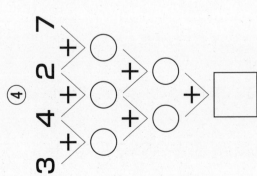

第46日 118ページ ① 28 ② 25 ③ 19 ④ 34

第48日 (「ポラーノの広場」―3)

● 次の文章を声に出して、できるだけ早く、一回くり返して読みましょう。

わたくしもみんなのあとから役所を出て、いままでの通り公衆食堂で食事をして競馬場へ帰って来ました。するとやっぱりよほど疲れていたと見えて、ちょっと椅子へかけたと思ったら、いつかもううとうと睡ってしまっていました。その甘ったるい夕方のかな昆布の干されたイーハトーヴォの岩礁の間を小さな舟に乗って漕ぎまわっていました。俄かに舟がぐらぐらゆれ、何でも恐ろしくむかし風の龍が出てきて、わたくしははねとばされて岩に投げつけられたと思って眼をさましました。誰かわたくしをゆすぶっていたのです。

わたくしは何べんも瞳を定めてその顔を見ました。それはファゼーロでした。

第48日

● 前ページの文章を思い出しながら、□と□に漢字を書き入れましょう。

その□(あま)った□(ゆう)□(がた)の□(ゆめ)のなかで、

わたしはまだあの□(ちゃ)いろいなめらかな□□

の□(は)されたイーハトーヴォの□(がく)□(しょう)の□(あいだ)を

□(こ)□(ぶね)に□(の)って漕ぎまわっていました。

● 次の計算を行い、□に答えを書きましょう。

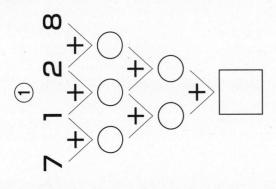

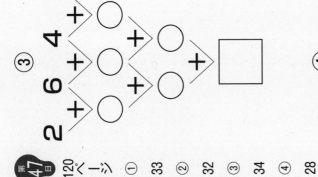

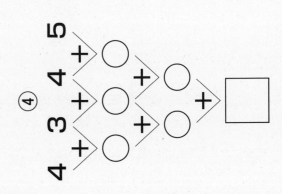

第47日 120ページ ① 33 ② 32 ③ 34 ④ 28

第49日 (「ポラーノの広場」—4)

●次の文章を声に出してできるだけ早く一回くり返して読みましょう。

間もなくわたくしははるかな野原のはてに青じろい五つばかりのあかりと、その上に青く傘のようになってぼんやりひかっているこの前のはんのきを見ました。だんだん近づいて行くと、その葉が風にもまれて次から次と湧いているよう、枝と枝とがぶっつかり合って、ぶんから青白い光を出しているようなのもわかるようになり、またその下に五人ばかりの黒い影が魚をとったりするときつかうアセチレン燈をもって立っているのも見ました。

今日は広場にはテーブルも椅子も箱もありませんでした。ただ一つのから箱があるきりでした。そのなかから見覚えのある、大きな帽子、円い肩、ミーロがこっちへ出て来ました。「とうとう来たな。今晩は、いいお晩でごあいます。」

第49日

● 前ページの文章を思い出しながら、□と□に漢字を書き入れましょう。

ただ□つのから□があるきりでした。

そのなから□□えのある、□きな

□□、円い□、ミーロがつく

□て□ました。

● 次の計算を行い、□に答えを書きましょう。

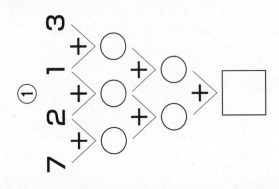

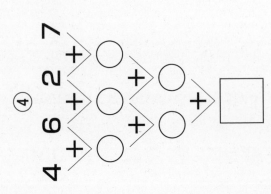

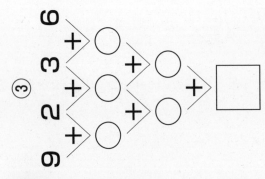

第48日 122ページ ① 24 ② 30 ③ 34 ④ 30

(「ボラーノの広場」―5)

　私はそれから何べんも遊びに行ったり相談のあるたびに友だちにきいたりして、それから三年の後には、とうとうファゼーロたちは立派な一つの産業組合をつくり、ハムと皮類と醋酸とオートミルはもちろん、広くどこへも出るようになりました。

　そして私はその三年目、仕事の都合でとうとうリーオの市を去るようになり、わたくしはそれから大学の副手にもなりました。農事試験場の技手もしました。そして昨日この友だちのない、にぎやかながら荒さんだトキーオの市のはげしい輪転器の音をとなりの室で、わたくしの受持ちになる五十行の欄に、なにかものめずらしい博物の出来事をうずめながら一通の郵便を受けとりました。

● 前ページの文章を思い出しながら、□と□に漢字を書き入れましょう。

□□の□□にいとこもうー才の
<ruby>し<rt></rt></ruby>□<ruby>ょうがつ</rt></ruby>□ の □<ruby>あさ</rt></ruby>□ にいとこも一才の

□を□るようになり、わたしはそれから

□□の□□にもなりました
<ruby>ぶ</rt></ruby> <ruby>しゅ</rt></ruby>

□□□□□の□□もしました。
う　し　し　け　とう　ま　しゅ

● 次の計算を行い、□に答えを書きましょう。

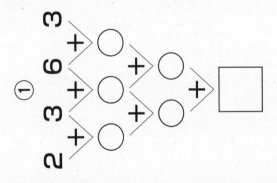

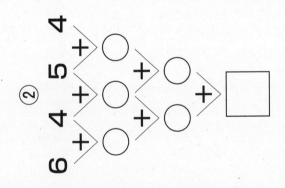

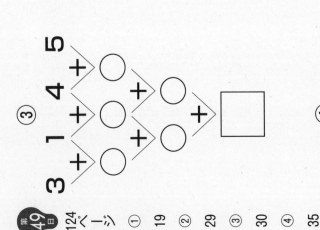

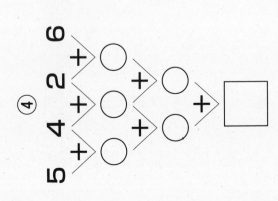

第49日 124ページ ① 19 ② 29 ③ 30 ④ 35

第10週 前頭葉機能検査 ……………… □月□日

Ⅰ カウンティングテスト

1から120までを声に出してできるだけ速く数えます。数え終わるまでにかかった時間を計りましょう。

□ 秒

Ⅱ 単語記憶テスト

まず、次のことばを、**2分間**で、できるだけたくさん覚えます。

いよく	のいず	しばい	えきす	はがき	こうば
さいご	きてき	うもう	にぎり	あおな	りこう
むよく	ぞうり	はんし	からだ	みほん	いなご
ことり	いっき	とだな	よかん	けむり	わらい
ぶんこ	ひなん	かてい	おみせ	すいじ	だるま

覚えたことばを、裏のページの解答用紙にできるだけたくさん書きます。
2分間で、覚えたことばを、いくつ思い出すことができますか?

Ⅱ 覚えたことばを、2分間で□に書きましょう。

単語記憶テスト解答欄

正答数 □ 語

Ⅲ 別冊13ページの「ストループテスト」も忘れずに行いましょう。

第51日 (「よだかの星」―1)

よだかは、実にみにくい鳥です。

顔は、ところどころ、味噌をつけたようにまだらで、くちばしは、ひらたくて、耳まで裂けています。

足は、まるでよぼよぼで、一間とも歩けません。

ほかの鳥は、もう、よだかの顔を見ただけでも、いやになってしまうという工合でした。

たとえば、ひばりも、あまり美しい鳥ではありませんが、よだかよりは、ずっと上だと思っていましたので、夕方など、よだかにあうと、さもさもいやそうに、しんねりと目をつぶりながら、首をそっ方へ向けるのでした。もっとちいさなおしゃべりの鳥などは、いつでもよだかのまっこうから悪口をしました。

「ヘン。又出て来たね。まあ、あのざまをごらん。ほんとうに、鳥の仲間のつらよごしだよ。」

第51日

● 前ページの文章を思い出しながら、□と□に漢字を書き入れましょう。

　□(あし)は、まるでぼうぼうに、□□とぬ

　□(ある)けません。

ほかの□(とり)は、もう、よだかの□(かお)を□(み)ただけ

で、いやになってしまうという工合(ぐあい)でした。

● 次の計算を行い、□に答えを書きましょう。

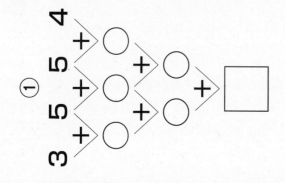

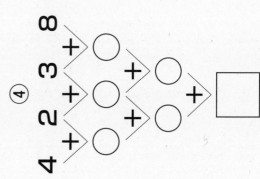

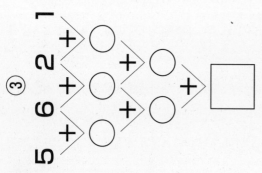

第50日 126ページ ① 32 ② 37 ③ 23 ④ 29

「無理じゃない。おれがいい名を教えてやろう。市蔵というんだ。市蔵とな。いい名だろう。そこで、名前を変えるには、改名の披露というものをしないといけない。いいか。それはな、首く市蔵と書いたふだをぶらさげて、私は以来市蔵と申しますと、口上を云って、みんなの所をおじぎしてまわるのだ。」

「そんなことはとても出来ません。」

「いいや。出来る。そうしろ。もしあさっての朝までに、お前がそうしなかったら、もうすぐ、つかみ殺すぞ。つかみ殺してしまうから、そう思え。おれはあさっての朝早く、鳥のうちを一軒ずつまわって、お前が来たかどうかを聞いてあるく。一軒でも来なかったという家があったら、もう貴様もその時がおしまいだぞ。」

第52日

● 前ページの文章を思い出しながら、□と□に漢字を書き入れましょう。

それは、□□く□□と□□いただきを

ひらをげて、□は□□□□と

□しますと、□□を広って、

みんなの□をおにきしてまわるのだ。

● 次の計算を行い、□に答えを書きましょう。

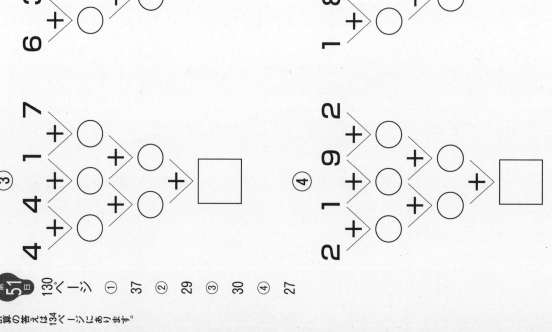

① 9+2+3+6 +○ +○ +○ = □
② 3+1+8+1 +○ +○ +○ = □
③ 7+1+4+4 +○ +○ +○ = □
④ 2+9+1+2 +○ +○ +○ = □

第51日 130ページ ① 37 ② 29 ③ 30 ④ 27

（「よだかの星」—３）

●次の文章を声に出して、できるだけ早く、二回くり返して読みましょう。

　よだかはまっすぐに、弟の川せみの所へ飛んで行きました。きれいな川せみも、丁度起きて遠くの山火事を見ていた所でした。そしてよだかの降りて来たのを見て云いました。

「兄さん。今晩は。何か急のご用ですか。」

「いいや、僕は今度遠い所へ行くからね、その前一寸お前に遭いに来たよ。」

「兄さん。行っちゃいけませんよ。蜂雀もあんな遠くにいるんですし、僕ひとりぼっちになってしまうじゃありませんか。」

「それはね。どうも仕方ないのだ。もう今日は何も云わないで呉れ。そしてお前もね、どうしてもとらなければならない時のほかは、いたずらにお魚を取ったりしないようにして呉れ。ね。さよなら。」

第53日

● 前ページの文章を思い出しながら、□と□に漢字を書き入れましょう。

よだかはまっすぐに、□(おとうと)の□(かお)せみの□(とびいろ)く

□(と)んで□(い)きました。きれいな□(かお)せみを、

□(ちょう)□(ど)□(お)まして□(おとうと)の□□□を

□(み)ていた□(とびいろ)でした。

● 次の計算を行い、□に答えを書きましょう。

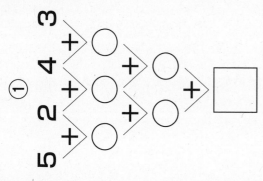

① 3+4+2+5 + +

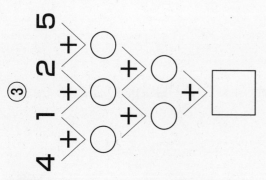

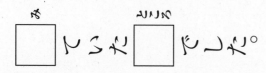

第52日 132ページ ① 30 ② 31 ③ 26 ④ 34

（「よだかの星」―4）

● 次の文章を声に出してできるだけ早く一回くり返して読みましょう。

　羊歯の葉は、よあけの霧を吸って、青くつめたくゆれました。よだかは高くきしきしきしと鳴きました。そして巣の中をきちんとかたづけ、きれいにからだの羽やはねや毛をそろえて、また巣から飛び出しました。

　霧がはれて、お日さまが丁度東からのぼりました。よだかはぐらぐらするほどまぶしいのをこらえて、矢のように、そっちへ飛んで行きました。

　「お日さん、お日さん。どうぞ私をあなたの所へ連れてって下さい。灼けて死んでもかまいません。私のようなみにくいからだでも灼けるときには小さなひかりを出すでしょう。どうか私を連れてって下さい。」

　行っても行っても、お日さまは近くなりませんでした。

第54日

● 前ページの文章を思い出しながら、□と□に漢字を書き入れましょう。

□(きり)がはれて、お□(ひ)さまが□(ちょう)□(と)□(ひがし)から

のぼりました。□(も)だがぺらぺらするほど

まぶしいのをこらえて、□のように

そっちく□(と)んで□(う)きました。

● 次の計算を行い、□に答えを書きましょう。

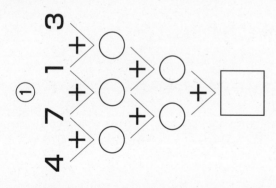

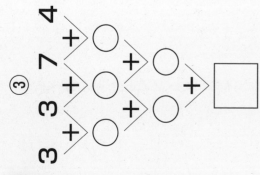

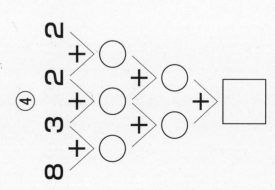

第55日 (「よだかの星」―5)

●次の文章を声に出してできるだけ早く一回くり返して読みましょう。

　よだかはもうすっかり力を落してしまって、はねを閉じて、地に落ちて行きました。そしてもう一尺で地面にその弱い足がつくというとき、よだかは俄かにのろしのようにそらへとびあがりました。そらのなかほどへ来て、よだかはまるで鷲が熊を襲うときするように、ぶるっとからだをゆすって毛をさかだてました。

　それからキシキシキシキシキシッと高く高く叫びました。その声はまるで鷹でした。野原や林にねむっていたほかのとりは、みんな目をさまして、ぶるぶるふるえながら、いぶかしそうにほしぞらを見あげました。

　夜だかは、どこまでも、どこまでも、まっすぐに空くのぼって行きました。

第55日

● 前ページの文章を思い出しながら、□と□に漢字を書き入れましょう。

そしてもう□□に□□に

その□い□がついたらすぐ

よだかは俄かにのろしのように

そらくとびあがりました。

● 次の計算を行い、□に答えを書きましょう。

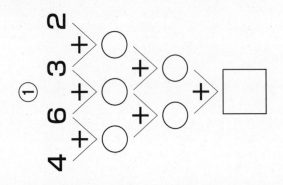

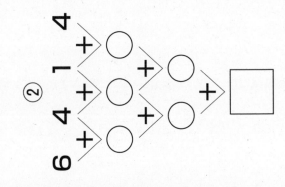

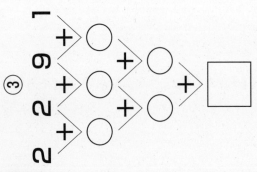

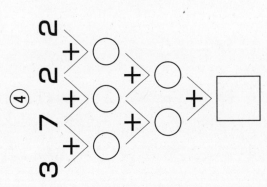

第11週 前頭葉機能検査 ……………… ⬜月⬜日

Ⅰ カウンティングテスト

1から120までを声に出してできるだけ速く数えます。数え終わるまでにかかった時間を計りましょう。

⬜ 秒

Ⅱ 単語記憶テスト

まず、次のことばを、**2分間**で、できるだけたくさん覚えます。

どうろ	ひので	あきや	ろっじ	さざえ	きつけ
はれぎ	かざり	よあけ	えんご	らせん	ながれ
こよみ	いなか	けいご	ねばり	とかげ	あさせ
じんち	つがい	まんが	かつお	いくさ	べんり
あしば	もぐら	おひれ	たばこ	くらし	せのび

覚えたことばを、裏のページの解答用紙にできるだけたくさん書きます。
2分間で、覚えたことばを、いくつ思い出すことができますか？

第11週

Ⅱ 覚えたことばを、2分間で□に書きましょう。

単語記憶テスト解答欄

正答数 □語

Ⅲ 別冊14ページの「ストループテスト」も忘れずに行いましょう。

（「グスコーブドリの伝記」——1）

●次の文章を声に出してできるだけ早く、一回くり返して読みましょう。

　ある日お父さんは、じっと頭をかかえていつまでもいつまでも考えていましたが、俄に起きあがって「おれは森へ行って何かさがして来るぞ。」と云いながら、よろよろ家を出て行きましたが、まっくらになっても帰ってきませんでした。

　つめたい風が森でゴウゴウ吹き出したとき二人はお母さんにお父さんはどうしたろうときいても、お母さんはだまって二人の顔を見ているばかりでした。夜があけてブドリがお父さんをたずねに行こうと云っても、お母さんはやっぱり黙って座って、じっと二人の顔を見ているばかりでした。

　晩方になって森がもう黒く見えるころ、お母さんはにわかに立って炉に榾をたくさんくべて、家じゅうすっかり明るくしました。

第56日

● 前ページの文章を思い出しながら、□と□に漢字を書き入れましょう。

晩ばんがたになって□があう□く□える□で

お□あさんはにわかに□たって

炉ろに榾ほだをたくさんくべて□いえにゆうすつか

□かるくしました。

● 次の計算を行い、□に答えを書きましょう。

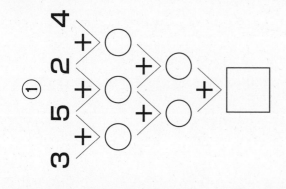

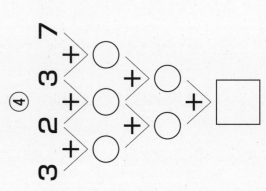

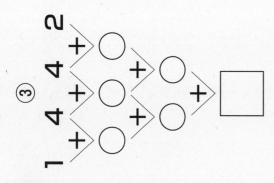

第55日 138ページ ① 33 ② 25 ③ 36 ④ 32

第57日 (「グスコーブドリの伝記」—2)

●次の文章を声に出してできるだけ早く、１回くり返して読みましょう。

そして、まるでつまずくように足早に森の中にはいってしまいました。

二人は何べんも行ったり来たりして、そこらを泣いていました。とうとうこらえきれなくなって、まっくらな森の中へ入って、あちこちうろうろ歩きながらお母さんの名を一晩呼びました。

暁方ちかく、あんまり寒くなってそれにつかれて二人はいつかぼんやり家に入っていました。そして倒れるようにねむってしまいました。その午ごろブドリは眼をさましました。そしてお母さんの云った戸棚の粉のことを思いだして開けて見ますと、戸棚のなかには袋に入れた麦粉やこならの実や松の白い皮やまだたくさん入っていました。ブドリはネリをゆりおこして、二人でその粉をなめました。

第57日

● 前ページの文章を思い出しながら、□と□に漢字を書き入れましょう。

□あかつき □がた ちかく あんまり □さむ くなって

それにつかれて □□ はいつかほんやり

□こえ に □はう っていました。そして □たお れるように

ねむってしまいました。

● 次の計算を行い、□に答えを書きましょう。

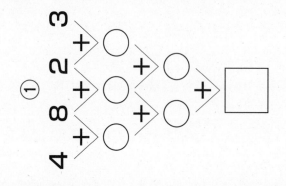

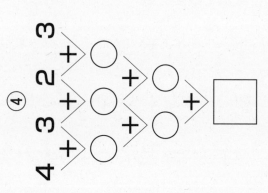

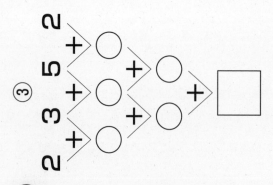

(「グスコーブドリの伝記」—３)

●次の文章を声に出して、できるだけ早く、１回くり返して読みましょう。

　するとすぐ頭の上の二階の窓から細長い小さな灰いろの頭が出て、めがねが二つきらりと光りました。そして「今授業中だよ。やかましいやつだ。用があるならはいってこい。」とどなりつけ、二階はしいんとしてしまいました。

　ブドリはそこで思い切って、なるべく足音をたてないように二階にあがって行きますと、階段のつき当りの扉があいていて、じつに大きな教室がブドリのまっ正面にあらわれました。

　中にはさまざまの形をした学生がぎっしりです。向うは大きな崖くらいある黒い壁になっていて、そこにたくさんの白い線が引いてあり、さっきのせいの高い眼がねをかけた人が大きな声で講義をやっておりました。

● 前ページの文章を思い出しながら、□と□に漢字を書き入れましょう。

そして「□□□□だよ。

やかましいやつだ。□があるなら

はらっといっしょ。」とどなりつけ

□□はしらべていってしまいました。

● 次の計算を行い、□に答えを書きましょう。

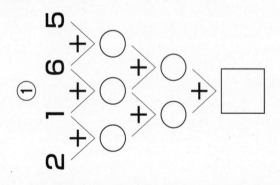

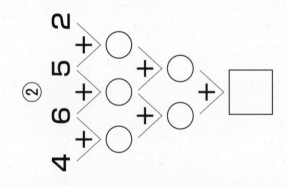

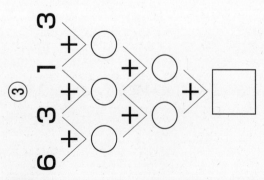

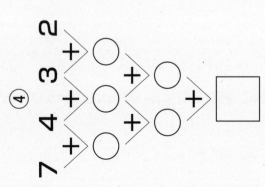

● 次の文章を声に出してできるだけ早く、一回くり返して読みましょう。

ドリはもう誰も居ないがらんとした廊下を通っておもてく出て、じぶんの胸に書いてある番地を指してどっちへ行ったらいいかききました。

するとその人は「ああ火山管理局ですか。このみちをまっすぐに行きますと大きな川がありますから、それを渡ってすぐ右へ二丁ばかり行きますと、房のような形をした高い柱が見えます。そこです。すぐわかります。」とまるでさっきとはちがって、親切に教えてくれました。

ドリは云われた通り、夕方の忙がしそうなまちを通ってそこく行って見ました。それは大きな茶色の板の建物で、門には「イーハトーヴ火山管理局」と看板が出ていました。ドリはうまく伝ってくれればいいと思いながら玄関に立って呼鈴を押しました。

第59日

● 前のページの文章を思い出しながら、□と□に漢字を書き入れましょう。

アドリはもう□(だれ)も□(こ)ないかんとした

□(ろう)□(か)を□(とお)っておんがく□(で)にとぶの

□に□(か)いてある□(は)□(ち)を□(さ)して

じっと□(み)つめらいいかきました。

● 次の計算を行い、□に答えを書きましょう。

① 1+4+3+4 →○+○+○ →□

② 7+1+5+6 →○+○+○ →□

③ 2+4+7+5 →○+○+○ →□

④ 8+2+1+7 →○+○+○ →□

第58日 146ページ ① 28 ② 39 ③ 21 ④ 30

第60日 (「グスコーブドリの伝記」—5)

●次の文章を声に出してできるだけ早く、一回くり返して読みましょう。

それから十日の後、一隻の船はカルボナード島へ行きました。そこへいくつもやぐらが建ち、電線は連結されました。ブドリはみんなを船で返してしまって、じぶんが一人、島に残りました。

それから三日の後、イーハトーヴの人たちは、そらがぼんやり濁って青ぞらや緑いろになり、月も日も血のいろになったのを見ました。

みんなはブドリのために喪章をつけた旗を軒ごとに立てました。そしてそれから三四日の後、だんだん暖くなってきて、とうとう普通の作柄の年になりました。ちょうどこのお話のはじまりのようになるはずのたくさんのブドリのお父さんやお母さんたちは、たくさんブドリやネリといっしょに、その冬を明るい薪と暖い食物で暮すことができたのでした。

● 前ページの文章を思い出しながら、□と□に漢字を書き入れましょう。

みんなはアドリのために□□をつけた□（はた）を

□（のき）ぎにさして□（た）てました。そしてそれから

□□□の□（のち）、だんだん□（あたた）かくなってきて、

とうとう□□の□□の□になりました。

● 次の計算を行い、□に答えを書きましょう。

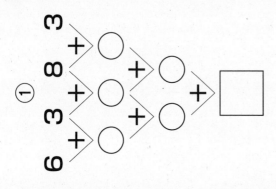

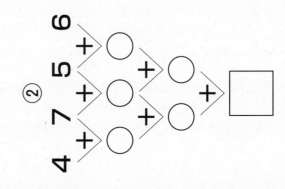

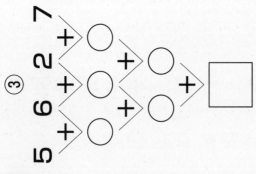

第12週 前頭葉機能検査　　□月□日

I カウンティングテスト

1から120までを声に出してできるだけ速く数えます。数え終わるまでにかかった時間を計りましょう。

　　　　　　　　　　　　　　　　　　　　　　　□秒

II 単語記憶テスト

まず、次のことばを、**2分間**で、できるだけたくさん覚えます。

るいじ	すなば	うどん	けがわ	きりん	いたみ
しぶき	たらい	ろくろ	のうぐ	ひびき	かまど
とんび	きこく	はだか	するめ	みつご	だんち
こもの	むしば	わごん	えがら	にこみ	せすじ
ぼたん	おわり	くぼみ	でんわ	あっぷ	れもん

覚えたことばを、裏のページの解答用紙にできるだけたくさん書きます。**2分間**で、覚えたことばを、いくつ思い出すことができますか？

第12週

Ⅱ　覚えたことばを、2分間で□に書きましょう。

単語記憶テスト解答欄

正答数
□語

Ⅲ　別冊15ページの「ストループテスト」も忘れずに行いましょう。

 150ページ　① 42　② 46　③ 36　④ 60

トレーニングを始める前の前頭葉機能チェック □月□日

　トレーニングを始める前に、現状の脳機能を、次の3つのテストで計測しておきましょう。

Ⅰ カウンティングテスト

　1から120までを声を出してできるだけ速く数えます。数え終わるまでにかかった時間を計りましょう。

Ⅱ 単語記憶テスト

　まず、次のことばを、**2分間**で、できるだけたくさん覚えます。

あひる	やおや	ぎせき	ちかい	めいじ	ぽぷら
もぐさ	くらす	ふそく	ことば	ねいき	あんこ
てんぐ	いっか	つばき	へいや	どうぐ	けむし
のぼり	りりく	うしろ	すりる	あいず	よなか
きほん	そうじ	たにん	えふで	きたい	しじみ

　覚えたことばを、裏のページの解答用紙にできるだけたくさん書きます。**2分間**で、覚えたことばを、いくつ思い出すことができますか？

第0週（始める前に）

II 覚えたことばを、2分間で□に書きましょう。

単語記憶テスト解答欄

正答数 □ 語

第0週（始める前に）

Ⅲ ストループテスト（文字の色を答える検査です）

検査は1回ですが、その前に【練習】を行いましょう。
　下の【練習】の文字の色を声に出して、できる限り速く言っていきます。文字を読むのではないので、注意しましょう。まちがえたところは、正しく言い直します。
（例：あかの場合は「あお」、あかの場合は「くろ」、あかの場合は「あか」と言う。）

【練習】

　くろ　　あか　　きいろ　くろ　　あお

「あお、きいろ、あか、くろ、きいろ」と正しく言えましたか。
　次に**本番**です。開始時刻を入れて、練習の時のように**文字の色**を読んでいきましょう。全部終わったら、終了時刻を入れ、かかった時間を出しましょう。

開始時刻 □分 □秒

あか	あか	きいろ	くろ	あお
あか	くろ	きいろ	きいろ	あお
あお	あか	くろ	きいろ	くろ
あお	くろ	あか	あお	きいろ
くろ	あお	きいろ	くろ	あか
あお	くろ	きいろ	あか	あお
きいろ	あか	くろ	あお	あか
きいろ	あお	あお	あか	くろ
あお	あか	くろ	あお	きいろ
きいろ	あか	あお	くろ	きいろ

終了時刻 □分 □秒　所要時間 □分 □秒

Ⅲ ストループテスト　第1週目

検査は1回ですが、その前に【練習】を行いましょう。
下の【練習】の**文字の色**を声に出して、**できる限り速く**言っていきます。文字を読むのではないので、注意しましょう。まちがえたところは、**正しく言い直します**。
（例：あかの場合は「あお」、あかの場合は「くろ」、あかの場合は「あか」と言う。）

【練習】

くろ　　あか　　きいろ　くろ　　あお

「あお、きいろ、あか、くろ、きいろ」と正しく言えましたか。
次に**本番**です。開始時刻を入れて、練習の時のように**文字の色**を読んでいきましょう。全部終わったら、終了時刻を入れ、かかった時間を出しましょう。

開始時刻　□分　□秒

くろ	くろ	あお	きいろ	あか
きいろ	あか	きいろ	くろ	あお
あか	あお	くろ	あお	きいろ
あお	あお	きいろ	くろ	あか
きいろ	きいろ	あか	あお	くろ
あお	あか	あか	くろ	きいろ
あか	くろ	あお	きいろ	あか
あお	あか	くろ	あか	きいろ
あか	きいろ	あお	あお	くろ
くろ	あか	きいろ	きいろ	あお

終了時刻　□分　□秒　　所要時間　□分　□秒

Ⅲ ストループテスト　第2週目

検査は1回ですが、その前に【練習】を行いましょう。
　下の【練習】の文字の色を声に出して、できる限り速く言っていきます。文字を読むのではないので、注意しましょう。まちがえたところは、正しく言い直します。
（例：あかの場合は「あお」、あかの場合は「くろ」、あかの場合は「あか」と言う。）

【練習】

くろ　　あか　　きいろ　　くろ　　あお

「あお、きいろ、あか、くろ、きいろ」と正しく言えましたか。
　次に**本番**です。開始時刻を入れて、練習の時のように**文字の色**を読んでいきましょう。全部終わったら、終了時刻を入れ、かかった時間を出しましょう。

開始時刻 ☐ 分 ☐ 秒

あお	くろ	きいろ	あか	あお
きいろ	あお	あか	きいろ	くろ
きいろ	くろ	あお	きいろ	あか
あお	あか	くろ	あお	きいろ
あか	あか	きいろ	くろ	あお
くろ	くろ	あお	きいろ	あか
あか	きいろ	あか	きいろ	くろ
きいろ	あお	くろ	あお	あか
くろ	あか	あお	きいろ	くろ
あお	あか	くろ	あか	きいろ

終了時刻 ☐ 分 ☐ 秒　所要時間 ☐ 分 ☐ 秒

Ⅲ ストループテスト　第３週目

検査は１回ですが、その前に【練習】を行いましょう。
　下の【練習】の文字の色を声に出して、できる限り速く言っていきます。文字を読むのではないので、注意しましょう。まちがえたところは、正しく言い直します。
（例：**あか**の場合は「**あお**」、あかの場合は「**くろ**」、**あか**の場合は「**あか**」と言う。）

【練習】

くろ　　あか　　きいろ　くろ　　あお

「あお、きいろ、あか、くろ、きいろ」と正しく言えましたか。
　次に**本番**です。開始時刻を入れて、練習の時のように**文字の色**を読んでいきましょう。全部終わったら、終了時刻を入れ、かかった時間を出しましょう。

開始時刻　☐分　☐秒

きいろ	くろ	あお	あか	あお
あお	あか	くろ	きいろ	あか
あか	くろ	きいろ	あお	きいろ
きいろ	あか	あお	きいろ	くろ
くろ	あか	くろ	きいろ	あお
きいろ	くろ	あお	あか	あか
くろ	あお	あか	きいろ	くろ
きいろ	あか	くろ	あか	あお
あか	きいろ	くろ	あお	くろ
くろ	あか	きいろ	くろ	あお

終了時刻　☐分　☐秒　所要時間　☐分　☐秒

Ⅲ ストループテスト　第4週目

検査は1回ですが、その前に【練習】を行いましょう。
　下の【練習】の文字の色を声に出して、できる限(かぎ)り速く言っていきます。文字を読むのではないので、注意しましょう。まちがえたところは、正しく言い直します。
（例：あかの場合は「あお」、あかの場合は「くろ」、あかの場合は「あか」と言う。）

【練習】

　くろ　　あか　　きいろ　くろ　　あお

「あお、きいろ、あか、くろ、きいろ」と正しく言えましたか。
　次に**本番**です。開始時刻を入れて、練習の時のように**文字の色**を読んでいきましょう。全部終わったら、終了時刻を入れ、かかった時間を出しましょう。

開始時刻　□分　□秒

きいろ	あお	くろ	あお	あか
くろ	あか	あお	きいろ	きいろ
あか	くろ	あお	あお	きいろ
きいろ	あか	くろ	あお	あお
くろ	きいろ	あお	あか	あお
あお	あお	くろ	きいろ	あか
きいろ	くろ	あか	あお	くろ
あお	きいろ	きいろ	あか	くろ
きいろ	あか	あか	くろ	あお
あか	あお	きいろ	あか	くろ

終了時刻　□分　□秒　所要時間　□分　□秒

Ⅲ ストループテスト　第5週目

検査は1回ですが、その前に【練習】を行いましょう。

下の【練習】の文字の色を声に出して、**できる限り速く**言っていきます。文字を読むのではないので、注意しましょう。まちがえたところは、**正しく言い直します**。

（例：あかの場合は「**あお**」、あかの場合は「**くろ**」、あかの場合は「**あか**」と言う。）

【練習】

| くろ　　あか　　きいろ　くろ　　あお |

「あお、きいろ、あか、くろ、きいろ」と正しく言えましたか。

次に**本番**です。開始時刻を入れて、練習の時のように**文字の色**を読んでいきましょう。全部終わったら、終了時刻を入れ、かかった時間を出しましょう。

開始時刻 ☐ 分 ☐ 秒

あお	くろ	あお	きいろ	あか
くろ	あお	あか	あお	くろ
あか	くろ	きいろ	きいろ	あか
くろ	あか	きいろ	くろ	あお
あか	くろ	きいろ	あお	くろ
くろ	あか	あお	くろ	きいろ
きいろ	くろ	あか	あお	くろ
くろ	あお	きいろ	あか	きいろ
あか	きいろ	あお	きいろ	あか
きいろ	あお	くろ	あか	くろ

終了時刻 ☐ 分 ☐ 秒　所要時間 ☐ 分 ☐ 秒

Ⅲ ストループテスト　第6週目

検査は1回ですが、その前に【練習】を行いましょう。
　下の【練習】の**文字の色**を声に出して、**できる限り速く**言っていきます。文字を読むのではないので、注意しましょう。まちがえたところは、**正しく言い直します**。
（例：あかの場合は「あお」、あかの場合は「くろ」、あかの場合は「あか」と言う。）

【練習】

　　くろ　　あか　　きいろ　くろ　　あお

「あお、きいろ、あか、くろ、きいろ」と正しく言えましたか。
　次に**本番**です。開始時刻を入れて、練習の時のように**文字の色**を読んでいきましょう。全部終わったら、終了時刻を入れ、かかった時間を出しましょう。

開始時刻　□分　□秒

くろ	あお	あか	きいろ	あお
あお	きいろ	くろ	あお	あか
あか	きいろ	くろ	あか	くろ
きいろ	あか	あお	くろ	あか
あか	くろ	きいろ	あお	くろ
くろ	あか	あお	きいろ	きいろ
あか	きいろ	あか	くろ	あお
きいろ	あお	くろ	あか	くろ
あお	あか	きいろ	くろ	あお
くろ	あお	あお	あか	きいろ

終了時刻　□分　□秒　所要時間　□分　□秒

Ⅲ ストループテスト　第7週目

　検査は1回ですが、その前に【練習】を行いましょう。
　下の【練習】の文字の色を声に出して、**できる限(かぎ)り速く**言っていきます。文字を読むのではないので、注意しましょう。まちがえたところは、**正しく言い直します**。
（例：あかの場合は「**あお**」、あかの場合は「**くろ**」、あかの場合は「**あか**」と言う。）

【練習】

　　くろ　　あか　　きいろ　　くろ　　あお

「あお、きいろ、あか、くろ、きいろ」と正しく言えましたか。
　次に**本番**です。開始時刻を入れて、練習の時のように**文字の色**を読んでいきましょう。全部終わったら、終了時刻を入れ、かかった時間を出しましょう。

開始時刻 □分 □秒

あか	くろ	あか	きいろ	あお
あお	あか	きいろ	くろ	あか
きいろ	あか	くろ	あお	きいろ
くろ	あお	くろ	きいろ	あか
あか	きいろ	あか	くろ	あお
きいろ	あお	あか	くろ	くろ
あお	あか	くろ	きいろ	くろ
きいろ	あお	くろ	あか	きいろ
くろ	あか	きいろ	くろ	あお
あお	くろ	あお	あか	きいろ

終了時刻 □分 □秒　所要時間 □分 □秒

Ⅲ ストループテスト　第8週目

検査は1回ですが、その前に【練習】を行いましょう。
　下の【練習】の**文字の色**を声に出して、**できる限り速く**言っていきます。文字を読むのではないので、注意しましょう。まちがえたところは、**正しく言い直します**。
（例：あかの場合は「あお」、あかの場合は「くろ」、あかの場合は「あか」と言う。）

【練習】

くろ　　あか　　きいろ　　くろ　　あお

「あお、きいろ、あか、くろ、きいろ」と正しく言えましたか。
　次に**本番**です。開始時刻を入れて、練習の時のように**文字の色**を読んでいきましょう。全部終わったら、終了時刻を入れ、かかった時間を出しましょう。

開始時刻　□分　□秒

あお	あか	くろ	きいろ	くろ
あか	きいろ	あか	くろ	あお
あお	きいろ	くろ	あお	あか
あか	あお	きいろ	あか	くろ
きいろ	あお	くろ	あお	あか
くろ	あか	あお	くろ	きいろ
あお	きいろ	くろ	あか	あお
きいろ	くろ	きいろ	あお	あか
くろ	きいろ	あお	あか	くろ
あか	あお	きいろ	きいろ	くろ

終了時刻　□分　□秒　　所要時間　□分　□秒

Ⅲ ストループテスト　第9週目

検査は1回ですが、その前に【練習】を行いましょう。
　下の【練習】の文字の色を声に出して、**できる限り速く**言っていきます。文字を読むのではないので、注意しましょう。まちがえたところは、**正しく言い直します**。
（例：あかの場合は「あお」、あかの場合は「くろ」、あかの場合は「あか」と言う。）

【練習】

　　くろ　　あか　　きいろ　　くろ　　あお

「あお、きいろ、あか、くろ、きいろ」と正しく言えましたか。
　次に**本番**です。開始時刻を入れて、練習の時のように**文字の色**を読んでいきましょう。全部終わったら、終了時刻を入れ、かかった時間を出しましょう。

開始時刻 □分 □秒

あか	あお	あか	くろ	きいろ
くろ	あか	あお	きいろ	あお
きいろ	あお	きいろ	あか	くろ
あか	きいろ	くろ	あお	くろ
きいろ	くろ	あお	あか	きいろ
あお	きいろ	あか	くろ	あか
あお	あか	くろ	あお	きいろ
きいろ	くろ	あか	あお	くろ
あお	あか	くろ	あお	きいろ
あか	あお	きいろ	くろ	あお

終了時刻 □分 □秒　所要時間 □分 □秒

Ⅲ ストループテスト　第10週目

検査は1回ですが、その前に【練習】を行いましょう。
　下の【練習】の**文字の色**を声に出して、**できる限り速く**言っていきます。文字を読むのではないので、注意しましょう。まちがえたところは、**正しく言い直します**。
（例：あかの場合は「**あお**」、あかの場合は「**くろ**」、あかの場合は「**あか**」と言う。）

【練習】

くろ　　あか　　きいろ　くろ　　あお

「あお、きいろ、あか、くろ、きいろ」と正しく言えましたか。
　次に**本番**です。開始時刻を入れて、練習の時のように**文字の色**を読んでいきましょう。全部終わったら、終了時刻を入れ、かかった時間を出しましょう。

開始時刻　☐分　☐秒

きいろ	きいろ	くろ	あお	あか
あお	きいろ	あか	きいろ	くろ
あお	くろ	あか	あお	きいろ
あか	あお	きいろ	くろ	あか
あお	くろ	あお	あか	きいろ
くろ	あお	あか	きいろ	くろ
きいろ	くろ	あお	あか	あお
あか	あお	あか	きいろ	くろ
あお	きいろ	くろ	あか	きいろ
きいろ	あか	あお	くろ	あお

終了時刻　☐分　☐秒　所要時間　☐分　☐秒

Ⅲ ストループテスト　第11週目

検査は1回ですが、その前に【練習】を行いましょう。

下の【練習】の文字の色を声に出して、**できる限り速く言っていきます**。文字を読むのではないので、注意しましょう。まちがえたところは、**正しく言い直します**。

（例：あかの場合は「**あお**」、あかの場合は「**くろ**」、あかの場合は「**あか**」と言う。）

【練習】

くろ　　あか　　きいろ　　くろ　　あお

「あお、きいろ、あか、くろ、きいろ」と正しく言えましたか。

次に**本番**です。開始時刻を入れて、練習の時のように**文字の色**を読んでいきましょう。全部終わったら、終了時刻を入れ、かかった時間を出しましょう。

開始時刻 ☐ 分 ☐ 秒

くろ	あお	あお	あか	きいろ
あか	きいろ	くろ	きいろ	あお
くろ	あか	きいろ	あお	あか
あお	あか	あか	きいろ	くろ
あか	あお	くろ	あお	きいろ
くろ	きいろ	あお	あか	くろ
きいろ	あか	きいろ	くろ	あお
あか	くろ	あお	あか	あか
きいろ	くろ	あか	あお	くろ
くろ	あか	きいろ	くろ	あお

終了時刻 ☐ 分 ☐ 秒　所要時間 ☐ 分 ☐ 秒

Ⅲ ストループテスト　第12週目

　検査は1回ですが、その前に【練習】を行いましょう。
　下の【練習】の**文字の色**を声に出して、**できる限り速く**言っていきます。文字を読むのではないので、注意しましょう。まちがえたところは、**正しく言い直します**。
（例：あかの場合は「あお」、あかの場合は「くろ」、あかの場合は「あか」と言う。）

【練習】

くろ　　あか　　きいろ　　くろ　　あお

　「あお、きいろ、あか、くろ、きいろ」と正しく言えましたか。
　次に**本番**です。開始時刻を入れて、練習の時のように**文字の色**を読んでいきましょう。全部終わったら、終了時刻を入れ、かかった時間を出しましょう。

開始時刻　□分　□秒

あか	くろ	きいろ	きいろ	あお
あか	あか	あお	きいろ	くろ
くろ	あお	あか	くろ	きいろ
あお	くろ	あお	きいろ	あか
くろ	あお	きいろ	あか	くろ
きいろ	くろ	あか	あお	くろ
くろ	きいろ	あお	あか	あお
あお	きいろ	きいろ	くろ	あか
きいろ	あか	くろ	きいろ	あお
あか	あお	きいろ	くろ	きいろ

終了時刻　□分　□秒　所要時間　□分　□秒

脳を活性化する学習療法
── 認知症の維持・改善、そして予防のために

「脳を鍛える大人のドリル」シリーズは、私たちが行ってきた脳機能イメージングの研究の成果を元に、健常者の方々に、脳機能の低下予防のための生活習慣として継続してもらおうと作ったものです。本書で行った学習を継続し、健康な脳の維持につとめましょう。脳機能イメージング研究からは認知症の改善・進行抑制と予防に有効な「学習療法（がくしゅうりょうほう）」が生まれました。その歩みを簡単にご紹介します。

1 学習療法とは

学習療法は、「音読と計算を中心とする教材を用いた学習を、学習者と支援者がコミュニケーションをとりながら行うことにより、学習者の認知機能やコミュニケーション機能、身辺自立機能などの前頭前野機能の（維持・）改善をはかるものである」と定義しています。1日15分程度の、「音読を中心とした言葉の学習」と「簡単な計算を中心とした数の学習」を毎日行うことにより、認知症をはじめさまざまな高次脳機能障害を持つ人たちの脳の働きを改善させようとする試みで、独立行政法人科学技術振興機構の社会技術研究推進事業の一環として研究・開発されました。

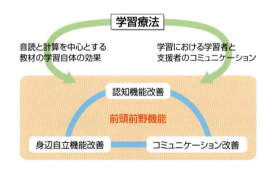

2 これまでの成果

私たちは、学習療法を用いた認知症高齢者介護（かいご）研究を、平成13年秋より福岡県大川市の社会福祉法人道海永寿会の施設で、平成15年春からは宮城県仙台市の医療法人松田会の施設で行いました。学習療法により、多くの認知症高齢者の人たちの、脳機能改善に成功してきました。食事・着替え・トイレなどの身辺自立が可能となる、笑顔が増えて家族や介護スタッフとたくさんコミュニケーションが可能となるなど、さまざまな変化が生じました。現在、全国の多くの高齢者介護施設で導入されるとともに、自治体等で認知症予防のための教室も開かれています。また、2011年からアメリカで実証研究も行われ、著しい効果が確認されました。今アメリカの各地にも広がりはじめています。

3 学習療法についてのお問い合わせ

学習療法についてのお問い合わせは
公文教育研究会　学習療法センター
03-6836-0050
（受付時間月〜金9：30〜17：30　祝日除く）

学習療法センター　サイトアドレス
http://www.kumon-lt.co.jp/

このドリルについてのお問い合わせは
くもん出版お客さま係　フリーコール 0120-373-415
（受付時間月〜金9：30〜17：30　祝日除く）

『学習療法の秘密
―認知症に挑む―』

「読み書き」「計算」の学習により、脳機能の維持・改善を図る学習療法。全国各地に広まる学習療法の科学的実証と、ノウハウの全容を明かす1冊。

A5判／川島隆太監修／
公文教育研究会　学習療法
センター・山崎律美共著／
定価：本体1000円＋税

	A：軽めの認知症の方に	B：中程度の認知症の方に	C：やや重めの認知症の方に
計算			
読み書き			

『脳を鍛える学習療法ドリル』シリーズ

認知症の方のための、「学習療法」が体験できるドリル。学習される方がスラスラできそうなレベルのドリルをお選びください。学習効果を高めるため、「読み書き」「計算」の両方のドリルをお使いになることをおすすめします。

A4判／川島隆太監修／
公文教育研究会　学習療法
センター編／
定価：本体各1000円＋税

脳を鍛える大人の記憶ドリル　宮沢賢治の童話・逆ピラミッド計算60日 ❸

2017年1月9日　第1版1刷発行

著者	川島隆太
発行人	志村直人
発行所	株式会社　くもん出版
	〒108-8617 東京都港区高輪4-10-18
	京急第1ビル 13F
	電話　代表　　　　03(6836)0301
	編集部直通　03(6836)0317
	営業部直通　03(6836)0305
印刷・製本	図書印刷株式会社

カバー・本文デザイン　スーパーシステム
カバーイラスト　　　　RICOW
本文イラスト　　　　　かたおかともこ

© 2017 Ryuta Kawashima／KUMON PUBLISHING Co., Ltd. Printed in Japan
ISBN 978-4-7743-2527-9

落丁・乱丁はおとりかえいたします。
本書を無断で複写・複製・転載・翻訳することは、法律で認められた場合を除き禁じられています。
購入者以外の第三者による本書のいかなる電子複製も一切認められていませんのでご注意ください。

くもん出版ホームページアドレス
http://www.kumonshuppan.com/　　　　　CD 34217

わたしの脳

「記憶60日③」記録用紙

● 音読所要時間

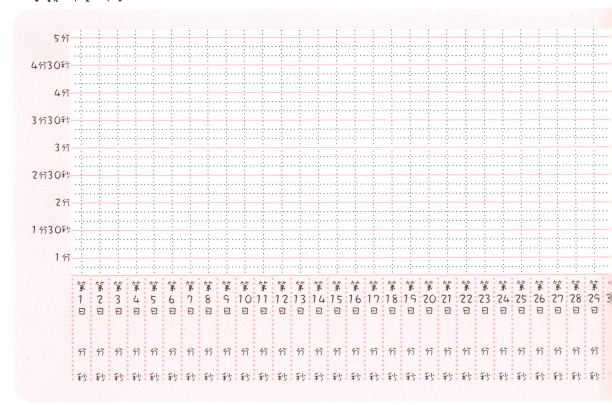

● 前頭葉機能検査

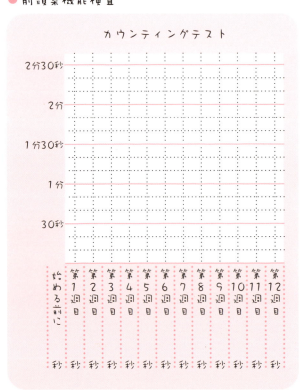